沉积地质学与矿产地质学研究系列专著

贵州省地质矿产勘查开发局地质科技项目"贵州震旦系磷矿成矿地质条件和成矿作用研究"
中国地质调查局项目"贵州开阳地区富磷矿整装勘查区专项填图与技术应用示范"**联合资助**
湖 北 省 学 术 著 作 出 版 专 项 资 金

贵州省震旦纪陡山沱组磷矿沉积地质学

Sedimentary Geology of the Phosphorite Deposit from the
Sinian Doushantuo Formation in Guizhou Province

杜远生　陈国勇　张亚冠　刘建中
陈庆刚　赵　征　王泽鹏　徐园园　著
邓　超　安　琦　谭代卫　吴文明
邓小虎　兰安平　任厚州

图书在版编目(CIP)数据

贵州省震旦纪陡山沱组磷矿沉积地质学/杜远生,陈国勇,张亚冠,刘建中,陈庆刚,赵征等著.—武汉:中国地质大学出版社,2017.11
ISBN 978-7-5625-4147-9

Ⅰ.①贵…
Ⅱ.①杜…②陈…③张…④刘…⑤陈…⑥赵…
Ⅲ.①磷矿床-地质学-研究-贵州
Ⅳ.①P619.205

中国版本图书馆 CIP 数据核字(2017)第 277431 号

贵州省震旦纪陡山沱组磷矿沉积地质学	杜远生　陈国勇　张亚冠　刘建中　陈庆刚　赵　征 等著
责任编辑:马　严　段连秀	责任校对:张咏梅
出版发行:中国地质大学出版社(武汉市洪山区鲁磨路388号)	邮政编码:430074
电　　话:(027)67883511　　传真:67883580	E-mail:cbb@cug.edu.cn
经　　销:全国新华书店	http://cugp.cug.edu.cn
开本:787毫米×1092毫米 1/16	字数:275千字　印张:10.75
版次:2017年11月第1版	印次:2017年11月第1次印刷
印刷:武汉中远印务有限公司	印数:1—800册
ISBN 978-7-5625-4147-9	定价:68.00元

如有印装质量问题请与印刷厂联系调换

序

  贵州省震旦纪开阳磷矿、云南省昆阳磷矿和湖北省襄阳磷矿被誉为我国磷矿的"三阳开泰"。开阳磷矿以量大质优而闻名,磷矿资源量数十亿吨,矿层磷块岩P_2O_5含量多大于30%,最高可达40%以上,是国内外最富的磷矿之一。位于开阳、瓮安、福泉一带的震旦纪磷矿以碎屑状磷块岩为主,间夹泥晶结构磷块岩,鲕粒、豆粒磷块岩,生物结构磷块岩等。磷矿层普遍发育孔洞构造,碳酸盐质、磷质、硅质、泥质胶结物和混合胶结物均有发育。虽然经过几十年的系统研究,但对富磷矿成因仍没有统一的认识。在贵州省地质矿产勘查开发局地质科技项目、中国地质调查局整装勘查综合研究项目的支持下,由中国地质大学(武汉)和贵州省地质矿产勘查开发局联合组成的研究团队,对开阳、瓮安、福泉及息烽、遵义、丹寨等地震旦纪磷矿进行了系统的野外调查、岩芯编录和观测、各类等值线图的编制,并对贵州省震旦纪古地理进行了重新研究,提出了一些新的认识:①黔中地区震旦纪开阳式富磷矿主要分布于黔中古陆北东缘,受滨岸无障壁海滩环境控制。②磷矿经历了"三阶段成矿"逐步富集:第一阶段化学和生物化学初始成磷作用,震旦纪陡山沱期,上升流作用将深部的大量磷质带到氧化还原界面之上的浅海地区,在化学和生物化学作用下,形成磷质的初始沉积,主要形成泥晶结构磷块岩、多细胞藻类磷块岩、生物球粒磷块岩等;第二阶段为机械(波浪簸选)成矿作用,无障壁海岸前滨—临滨的高能波浪作用,将初始磷块岩破碎形成各种磷矿碎屑,并将非磷的泥质沉积物簸选移离,形成碎屑磷矿第一次富集,主要形成碎屑结构磷块岩,其胶结物以磷质胶结物和碳酸盐胶结物为主;第三阶段为淋滤成矿作用,受海平面变化的影响,早期形成的磷块岩被暴露于海平面之上,受到强烈的淋滤作用影响,将其碳酸盐胶结物及活动性的元素淋滤带出,矿层中保存大量溶蚀孔洞,形成磷块岩的第二次富集。③建立了开阳磷矿的动态成矿模型。陡山沱早期,初始的磷块岩在无障壁海滩环境经历波浪簸选形成碎屑磷块岩的初次富集(a矿层);陡山沱中期,海平面下降将早期形成的磷矿层暴露于海平面之上,经受淋滤作用改造形成磷矿的再次富集;陡山沱晚期,瓮安—福泉一带初始的生物—化学成因的磷矿层经波浪簸选富集成碎屑状磷矿(b矿层),而开阳一带的a矿层经历再次波浪簸选富集;陡山沱末期,大规模的海退使前期沉积的磷矿层再次暴露,接受淋滤,使磷矿进一步富集。

  项目在进行过程中,得到贵州省地质矿产勘查开发局周琦总工程师、刘远辉副总工程师,刘巽锋、王砚耕研究员的指导和帮助,在野外调查、钻井取样等工作中,贵州省地质矿产勘查开发局105地质大队、115地质大队、104地质大队给予了项目组大力支持和帮助,中国地质大学的徐亚军、杨江海,郭华、余文超、刘超、齐靓、柴嵘、邓旭升、王萍、徐源等也给予各方面的帮助,在此一并表示衷心的感谢。

杜远生 陈国勇

2017年1月

目　录

第一章　绪　言 ……………………………………………………………… (1)
　第一节　黔中磷矿概述 ……………………………………………………… (1)
　第二节　国内外研究进展 …………………………………………………… (2)
　　一、磷块岩成因作用研究进展 …………………………………………… (2)
　　二、黔中震旦纪陡山沱组磷矿研究进展 ………………………………… (7)
　第三节　关键地质问题 ……………………………………………………… (9)
　第四节　研究思路与方法 …………………………………………………… (10)
　　一、指导思想 ……………………………………………………………… (10)
　　二、研究内容 ……………………………………………………………… (11)
　　三、研究方法 ……………………………………………………………… (11)

第二章　地质背景 …………………………………………………………… (12)
　第一节　大地构造背景 ……………………………………………………… (12)
　第二节　地层 ………………………………………………………………… (12)
　　一、青白口系 ……………………………………………………………… (14)
　　二、南华系 ………………………………………………………………… (14)
　　三、震旦系 ………………………………………………………………… (15)
　第三节　沉积古地理背景 …………………………………………………… (16)
　　一、南华纪晚期沉积古地理 ……………………………………………… (16)
　　二、震旦纪陡山沱期沉积古地理 ………………………………………… (16)
　　三、震旦纪灯影早期沉积古地理 ………………………………………… (18)

第三章　典型矿床 …………………………………………………………… (20)
　第一节　开阳磷矿 …………………………………………………………… (20)
　　一、地质背景 ……………………………………………………………… (20)

  二、矿床地质特征……………………………………………………………………………(25)

  三、磷矿类型及成因…………………………………………………………………………(33)

  四、古地理特征及控矿作用…………………………………………………………………(37)

 第二节 瓮安磷矿……………………………………………………………………………(41)

  一、地质背景…………………………………………………………………………………(41)

  二、矿床地质特征……………………………………………………………………………(49)

  三、磷矿类型及成因…………………………………………………………………………(54)

  四、古地理特征及其控矿作用………………………………………………………………(57)

第四章 成矿地质特征……………………………………………………………………(59)

 第一节 含磷岩系地层划分与对比………………………………………………………(59)

 第二节 矿石类型特征………………………………………………………………………(60)

  一、磷块岩矿物组成…………………………………………………………………………(60)

  二、磷块岩矿石类型…………………………………………………………………………(63)

  三、磷块岩胶结物结构类型…………………………………………………………………(67)

 第三节 沉积(矿石)相类型………………………………………………………………(69)

 第四节 含磷岩系沉积层序与海平面变化………………………………………………(72)

 第五节 沉积古地理特征……………………………………………………………………(73)

  一、定量岩相古地理重建……………………………………………………………………(73)

  二、开阳地区沉积相及古地理特征…………………………………………………………(87)

  三、瓮福地区沉积相及古地理特征…………………………………………………………(93)

  四、遵义、丹寨地区沉积相及古地理特征…………………………………………………(97)

  五、古地理及其控矿作用……………………………………………………………………(97)

第五章 成矿地质作用……………………………………………………………………(102)

 第一节 初始成磷作用……………………………………………………………………(102)

  一、黔中地区磷块岩地球化学特征………………………………………………………(102)

  二、磷质来源分析与上升洋流成矿………………………………………………………(114)

  三、生物成矿………………………………………………………………………………(116)

  四、生物-化学作用成矿……………………………………………………………………(118)

 第二节 簸选成矿作用……………………………………………………………………(119)

  一、簸选成矿作用机制……………………………………………………………………(119)

二、成矿作用分布规律 ………………………………………………………（122）

　第三节　淋滤成矿作用………………………………………………………（123）

　　一、淋滤成矿作用机制 ………………………………………………………（123）

　　二、成矿作用分布规律 ………………………………………………………（125）

第六章　磷矿成矿过程及成矿模式 ……………………………………（128）

　　一、开阳地区磷矿床成矿模式 ………………………………………………（128）

　　二、瓮福地区磷矿床成矿模式 ………………………………………………（130）

第七章　结　论 ……………………………………………………………（132）

　　一、矿石类型 …………………………………………………………………（132）

　　二、成矿期古地理环境 ………………………………………………………（132）

　　三、成矿地质条件 ……………………………………………………………（133）

　　四、成矿地质作用 ……………………………………………………………（133）

附录1：图版 …………………………………………………………………（135）

附录2：开阳地区磷块岩地球化学数据 ……………………………………（153）

主要参考文献 ………………………………………………………………（158）

第一章 绪 言

第一节 黔中磷矿概述

新元古代 Marinoan 冰期后迅速发生了全球性大规模成磷事件,在亚洲、澳洲、南美洲以及西非均发现了大型磷矿床的沉积(Cook,1992;Cook and Shergold,1984)。这一时期在上扬子地区也广泛发育了磷质岩沉积,其中黔中地区震旦纪陡山沱期沉积型磷矿床是本次成磷事件的典型代表。黔中地区在陡山沱期为南靠黔中古陆的滨浅海碎屑岩、碳酸盐岩、磷质岩混合沉积带,并在黔中古陆周边向南东逐渐延伸为陆架-斜坡-深海相沉积(Zhu et al,2007;刘静江等,2015;陈国勇等,2015)。黔中古陆及周边地区在陡山沱期均有磷质沉积记录,但各个区域的含磷岩系类型、厚度、岩性序列和岩石组合的变化非常明显,而且磷块岩的结构成因类型及其组合特点也随之存在差异。黔中陡山沱组磷矿主要富磷矿区集中在开阳、瓮安、福泉地区,周边地区如余庆、丹寨、松林等地同样存在磷块岩沉积记录。

黔中开阳磷矿和瓮福磷矿是国内外著名的超大型富磷矿产区,其地理位置位于贵州省中部,贵阳市北部及东北部(图1-1)。"三阳开泰"之首的开阳磷矿,以量大质优闻名,位于黔中腹地——开阳县和息烽县境内。矿层主要赋存于震旦纪陡山沱组内,磷矿石 P_2O_5 含量常常大于30%,最高可达40%,为国内外平均含磷品位最高的磷矿产区。开阳磷矿矿石类型以碎屑(砾屑、砂屑、粉屑)状磷块岩为主,局部地区局部层位发育小规模叠层石磷块岩;矿区内磷矿层厚度不一,约1~15m。现已开采的矿区有马路坪矿区、用沙坝矿区、沙坝土矿区、极乐矿区、桥巴山矿区等,均分布在洋水背斜及周边,勘查区主要分布在洋水背斜东部,主要有永温勘察区、冯三勘察区、白泥坝勘察区和新寨勘察区。瓮福磷矿是黔中地区另一超大型富磷矿区,位于瓮安县和福泉县境内。区内矿层主要分布于陡山沱组内,局部地区在灯影组或寒武系底部也有磷矿层分布。陡山沱组矿层普遍可分 a、b 两层,矿层间由一层白云岩夹层间断,a 矿层厚1~38m,矿石类型以球粒磷块岩、内碎屑磷块岩为主;b 矿层厚0.8~35m,矿石类型以碳质磷块岩和含藻类、球粒化石磷块岩为主。瓮福地区矿石品位集中在20%~30%,部分层位矿石品位可达33%。矿区主要分布于白岩背斜附近。此外,丹寨、松林等地区陡山沱组内同样发育磷矿层沉积,但主要以磷质夹层或透镜体的形式赋存于地层中,矿石类型以与硅质岩、碳质页岩、泥岩共生的泥晶磷块岩为主;单层矿层厚度一般小于3m,矿石品位为12%~30%,其矿层厚度、品位分布均不稳定,因此难以形成大型富磷矿床。

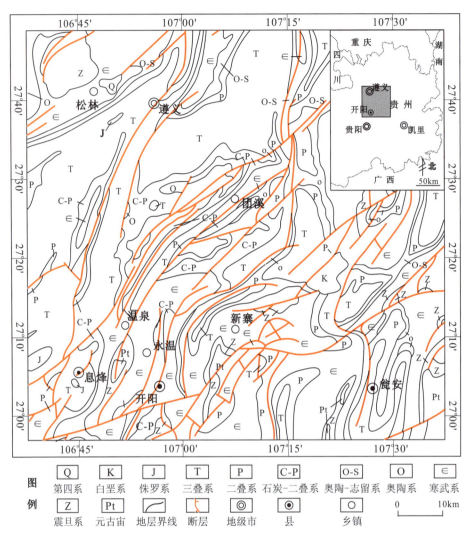

图 1-1 黔中地区出露地层及地质构造略图

第二节 国内外研究进展

一、磷块岩成因作用研究进展

磷是生命活动必不可少的元素,磷灰石构成了磷的巨大储备库,自然界的磷循环的基本过程是:岩石和土壤中的磷酸盐由于风化和淋溶作用进入河流,然后输入海洋并沉积于海底,直到地质活动使它们暴露于水面,再次参加循环,这一循环需若干万年才能完成。在这一循环中,存在两个局部的小循环,即陆地生态系统中的磷循环和大洋生态系统中的磷循环(图1-2)。海洋中富磷沉积物的形成往往与大洋磷循环的突变有关(Föllmi,1996),因此成磷事件在地质历史时期通常呈阶段性发生(Filippell,2011)。针对磷块岩矿床的形成与分布规律,国外学者一般都是在"大洋磷循环"模式的基础上对磷块岩的物质来源、成矿作用、成矿模式等进行研究。

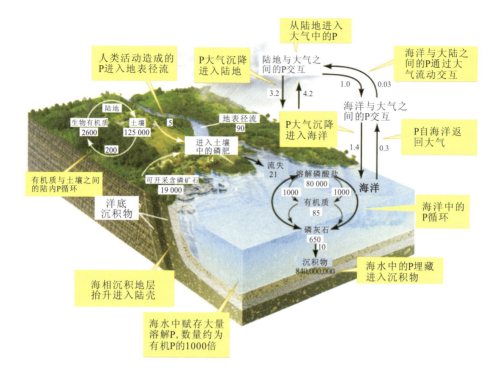

图 1-2　现代全球磷循环模式图（据 Molles,1999）

磷质来源分析是解决磷块岩沉积成矿模式的关键问题,通过近年来学者对现代大洋提出的"大洋磷循环"模型(Baturin,1982;Föllmi,1996;Delaney,1998;Compton,2000)（表 1-1,图 1-3）,磷在海水中一般以下列 4 种形式存在。

表 1-1　河流、海水各种磷组分浓度、通量（据 Baturin,1982）

环境		含量	溶解的无机磷(DIP)	悬浮物中的磷		溶解的有机磷(DOP)
				无机磷(PIP)	有机磷(POP)	
河流		含量(mg/L)	0.001～0.080	0.142	0.063	0.03
		年入海总量(t)	$0.5×10^6$(5%)	$1×10^7$(87%)(无机磷为主)		$1×10^6$(8%)
海水	表层海水	含量(mg/L)	0.0001～0.0400	0.001～0.008(有机磷为主)		0.006～0.060
	深部海水	含量(mg/L)	0.1～0.3			较少(0)
	海水含磷总量(t)		$1×10^{11}$			
	占总磷量(%)		90	3～5		5～7

注:河水中溶解的无机磷含量取自俄罗斯欧洲部分河流统计数据,悬浮磷含量取自顿河河水和库班河河水,溶解的有机磷含量来自库班河、顿河以及伏尔加河;海水中溶解的无机磷含量取自鄂霍次克海、白令海、黑海和波罗的海。

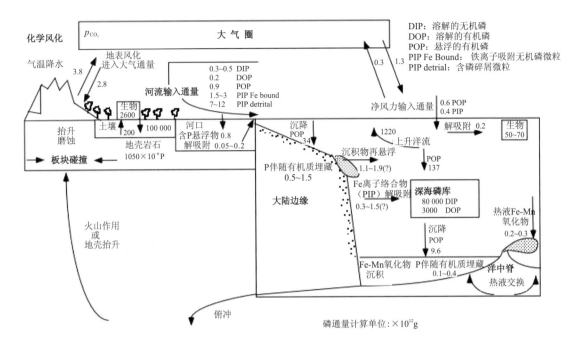

图1-3 全球大洋磷循环模型及磷通量计算(据Compton,2000)

1. 溶解的无机磷(DIP)

溶解的无机磷(DIP)主要为溶解的正磷酸盐,即 $H_2PO_4^-$、HPO_4^{2-}、PO_4^{3-}。海水中的磷绝大部分以溶解的无机磷形式存在,海洋表层水中溶解的无机磷含量相对较低,浮游植物繁盛使溶解的无机磷降至最低(0),浮游植物生长季节前期达到最大值。深部海水中磷的含量一般都高得多,而且比较稳定,停滞的海盆深水中磷的含量一般高于通气良好的海盆。

2. 溶解的有机磷(DOP)

溶解的有机磷(DOP)主要指赋存于可溶解有机质中的磷,一般以磷核蛋白、磷脂及其分解物的形式存在。海洋表层海水中溶解的有机磷含量比溶解的无机磷低得多,且在深处是逐渐减少的,大多数情况下,最大含磷量出现在浅海水域,特别是滨岸带。

3. 微粒有机磷(POP)

微粒有机磷(POP)主要指赋存于悬浮的有机质中的磷。在海洋周边区域以及上升洋流带悬浮有机磷含量相对较高,大洋中总体含量较低。

4. 微粒无机磷(PIP)

微粒无机磷(PIP)包括Fe-Mn吸附磷和陆源碎屑磷,陆源碎屑磷一般赋存于陆源碎屑颗粒,如热液成因或沉积的磷灰石矿物或是其他矿物中的微量元素。在陆源输入较丰富的近岸海域以及洋底热液活动较强的区域含量较高,大洋中总体含量较低。

通过对海洋磷循环数据模拟认为,海洋中的磷质主要来自于陆源,其中河流输入和含磷陆源碎屑风化是磷质进入大洋的主要输入形式,占陆源输入总量的90%以上,风力输入和地下径流也是磷从陆地进入海水的主要方式,但比例较小,占陆源输入总量的10%。Föllmi(1995)

通过对比160Ma以来的古海洋总磷和100Ma活性磷埋藏记录及长期海平面变化发现，活性磷（可供生物利用的磷，一般指溶解的磷酸盐）输入与陆源化学风化成正比，侧向证明了海洋中的活性磷来自于陆源输入。相对来讲，来自地球内部的火山和热液活动对大洋中磷的贡献是微不足道的。Baturin(1990)统计日本海岸及第勒尼安海资料表明裂谷带高温和低温热液喷口中磷含量并不大于近海底海水中的含量，"火山成因"磷的指示流量为10 000t左右，仅为河流提供的总磷量的1%。但是在火山活动较为频繁的洋底，热液输入对磷的输入也有一定的影响，但这些影响均与热液中的铁、锰氢氧化物有关。在红海、太平洋和大西洋的一些热液沉积物中也富含磷，但其磷不是主要来自热液，而是来自海水，其磷的背景值含量是被铁氢氧化物吸附的(Baturin,1990;Ruttenberg and Berner,1993)。虽然热液对现代大洋中磷输入的影响仅仅局限于洋中脊及海底火山附近，但是在地质历史中的某些时段，如白垩纪中期海底火山活动异常活跃，对大洋中活性磷循环的影响不可低估(Wheat et al,1996)。

海洋中的活性磷主要指海洋中可能供生物利用的磷，是海洋浮游植物生长所必需的物质基础，是大洋初级生产力的限制因素，活性磷主要为正磷酸盐（P 正五价，$H_2PO_4^-$、HPO_4^{2-}、PO_4^{3-}），被植物、细菌和藻类所利用可直接进入生物圈，也包括少量溶解的有机磷、海相沉积物中氧化物吸附磷、碳酸盐结合磷等能直接或间接参与生物圈循环的磷(Delaney,1998)。通过地表径流或陆源风化进入海洋的活性磷一般不会直接在浅水海岸直接沉积，因为河流中输入的磷大多以悬浮态无机微粒的形式存在，主要包括陆源碎屑磷和铁、锰氢氧化物、黏土吸附磷(Delaney,1998),大多数碎屑磷保持在矿物晶格中未被迁移出来，并不参与生物循环，故这类磷很难被释放进入生物圈(Compton,2000)所以大陆风化的磷有相当一部分直接沉积在陆缘或深海中，因此河口或近陆架附近很难形成自生磷灰石沉积(Filippelli,2008),而深海地区一般也难以形成高聚集度的自生磷灰石，因为在有机质沉降至深海过程中大多被氧化分解成可溶解的磷酸盐且经历太多陆源物质的稀释，自生磷灰石的形成缺少聚集源动力(Filippelli,2011)。少数铁氢氧化物或黏土吸附的悬浮态磷在河口或三角洲处由于氧化还原或海水盐度的变化，吸附的磷也有少量转化为溶解的磷（即活性磷）进入生物圈(Fillippelli,2011)。

活性磷大部分都进入海水表层作为海洋生产力的主要营养来源并纳入有机质中，海水表面是消耗磷的过程，表面海水磷的聚集接近于零。最终，磷酸盐部分以有机质的形式进入深海，或是氧化降解形成可溶解的无机磷酸盐，深水是聚集的过程，形成深海"磷库"（图1-3）(Föllmi,1996;Compton,2000)。因此，在深水区域磷的聚集与海水年龄有关，所以更为年轻的太平洋深水含磷量比太平洋低40%(Benitez-Nelson,2004)。正常海水地球化学条件下，海水中的磷酸盐浓度往往难以达到饱和(Arning et al,2008),因此海水中的磷酸盐很难以无机沉降的形式产出。且研究发现沉积型磷灰石以碳氟磷灰石为主，而海水中碳氟磷灰石的溶解度高于羟磷灰石和氟磷灰石，且海水中Mg^{2+}的存在会增大磷酸盐的溶解度，以磷酸盐交代碳酸盐岩为标志的"交代成因"学说也被提出，他们指出，在成岩作用过程中，在$CaCO_3$的晶格中首先被氟和P_2O_5置换，但是"交代成因"说也不能全面解释全球性成磷现象。现有的主流观点认为磷灰石的自生沉积可分为两个模式：有机质沉降模式沉积和Fe-氧化还原泵模式（图1-4),即海水中磷灰石的自生沉积一般通过有机质沉积或铁氢氧化物吸附进入孔隙水柱，在氧化条件下有机质磷质不易释放，铁氧化物对磷质也有较强吸附作用，而还原条件下磷质会在有机质内迅速释放，铁氧化物受还原作用同样对磷质解吸附，因此在氧化还原界面附近孔隙水中磷质浓度急剧提升，进而形成自生磷灰石沉积(Delaney,1998;Compton et al,2000;Filip-

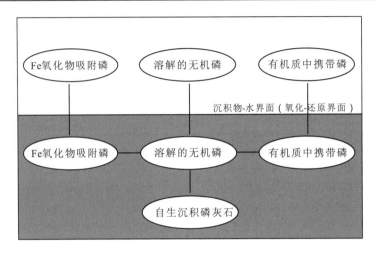

图1-4 海相沉积物中自生磷灰石沉积模式概念图(据Fillippelli,2011)

pelli,2011)。

一般认为,深部富磷海水通过上升洋流作用重新进入浅水透光层,被海洋生态系统再次利用,并在适宜的条件下通过生物化学形式形成富磷沉积物。"上升洋流学说"已成为解释磷块岩成因机制的主流学说,现代上升洋流发育的地区如纳米比亚海岸、智利-秘鲁海岸、加利福尼亚海湾及阿拉伯海,均存在成磷事件(Föllmi,1996;Filippelli,2008,2011)。此外,地质历史时期世界各地磷块岩的成因,如约旦晚白垩世磷矿床(Pufahl et al,2003)、埃及晚白垩世磷矿床(Baioumy and Tada,2005)、湖北宜昌陡山沱组磷块岩沉积(She et al,2013,2014)、阿根廷新元古代晚期两次成磷事件(Gómez Peral et al,2014)均利用上升洋流来解释磷质来源,即上升洋流携带深部富磷海水进入浅水海岸,在生物化学作用或其他地球化学作用下使磷质在浅水海岸进一步聚集形成磷块岩沉积。然而在非上升洋流海岸,同样会存在富磷沉积,Ruttenberg和Berner(1993)利用逐步萃取的方法在两个无上升流的浅水海岸发现了磷灰石的形成,"Fe-氧化还原泵"系统同样会使非上升洋流海岸形成磷块岩沉积(Nelson et al,2010),Drummond等(2015)认为前寒武纪磷块岩成因模式并不像显生宙以来的成磷事件与上升洋流密切相关,Fe-氧化还原模式及海水分层模式对前寒武纪磷质沉积有很大的影响。"生物成磷"成矿模式同样是磷块岩成因的另一重要学说,由生物遗体堆积而成的磷块岩,如鸟粪化石、鱼骨化石等(Föllmi,1996;Filippelli,2011),虽然有一定的含磷品位,但并不能广泛发育,更难以形成大型磷块岩矿床,因此现在普遍认为的"生物成磷"一般为生物作用导致磷质在海水中富集并间接形成磷块岩沉积,而非直接成磷。

成磷事件形成的富磷沉积物,并不能等同于形成具有经济利用价值的磷矿床,原生沉积的富磷沉积物往往需要经历一系列的成岩再造作用才能变为可供开采的磷矿石。20世纪早期Grabau已经认识到磷块岩的堆积与沉积间断面之间的密切关系,并认为成磷事件沉积的分散在沉积物中的磷质一般需要经过后期的再改造作用才能达到工业富集品位。普遍认为,磷矿床中最为常见的颗粒状、碎屑状磷块岩均为沉积后矿石再改造的产物(叶连俊,1989;Pufahl and Grimm,2003)。Baturin(1971)提出的"Baturin Cycling"(巴图林循环)成矿模式,即具经济利用价值的磷矿床的形成需要经历生物化学沉积、成岩和物理富集三个阶段,在不同的沉积体系下分阶段成矿,此成矿模式至今仍对磷矿床成矿解释有很大影响。Pufahl等(2003)对约旦晚白垩世磷块岩研究认为，磷质的沉积、成岩及物理富集可以是同时期的、多期次的，对巴图林循环成矿模式做出了更全面的补充。海平面的频繁变化控制了磷块岩的沉积、富集：较高海平面条件下，有利的成磷场所可产生磷质的沉积；较低海平面条件下，已沉积的含磷沉积物处于浪基面以上，经过水流搬运、堆积，形成可开采利用的磷矿床(Baioumy and Tada,2005;Nelson et al,2010)(图1-5)。Fillippelli(2011)总结认为海洋中的成磷事件是普遍存在的，在浅水海岸或深海环境，不论是否有上升洋流均存在磷质原生沉积，而能够发育高品位磷矿床的沉积环境则较为苛刻，不仅需要成磷事件背景下磷质的原生沉积，而且需要各种水流动力系统对沉积物中分散的磷质进行分选、再造、堆积和聚集才能形成品位较高的磷矿床。

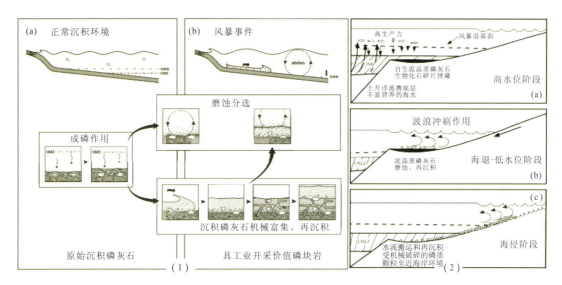

图1-5 海平面变化对磷矿床富集成矿的机械成矿模式图
(a)据Pufahl et al,2003；(b)据Baioumy and Tada,2005

二、黔中震旦纪陡山沱组磷矿研究进展

新元古代全球性Marinoan大冰期是地球演化历史上的重要转折。新元古代冰期后，全球系统发生巨变，如Rodinia超大陆已开始发生裂解，大气氧含量增加，深部海水逐渐由硫化转变为氧化(Canfield et al,2007)，碳、硫、锶同位素组成发生大幅度振荡和强烈分馏(Hoffman et al,1998)等。新元古代冰期后迅速发生了全球性大规模成磷事件，在亚洲、澳洲、南美洲以及西非均发现了大型磷矿床的沉积(Cook,1992；Cook and Shergold,1984)。这一时期在上扬子地区也广泛发育了磷质岩沉积，其中黔中地区陡山沱期沉积型磷矿床是本次成磷事件的典型代表。

20世纪80年代，贵州磷矿资源的研究主要涉及传统基础地质研究和对磷矿的成因探讨。朱士兴等(1983)、王砚耕等(1984)认为黔中陡山沱时期含磷地层及磷块岩的形成与微生物作用有关；陈其英(1981)首先将开阳地区之前习称的"假鲕状""砂状"磷块岩统一划分为内碎屑磷块岩，并认为磷块岩内碎屑是一种在成矿盆地内形成的磷酸盐碎屑，并进一步探讨磷矿床的成矿环境为海侵前缘带、陆表海和深水盆地的过渡部位或水下高地的周围地带(陈其英，1985)。赵东旭(1986)同样认为碎屑磷块岩主要发育在陆缘海内侧的浅水地段，这些浅水地段多是由于靠近隆起或古陆所致。而单满生(1987)则认为部分磷块岩中的"砂屑"颗粒是由于较低能环境下沉积的胶磷矿泥晶脱水陈化、进一步收缩凝聚形成的。曾允孚等(1988)通过对黔中地区陡山沱期磷块岩稀土元素分析表明磷的初始来源可能主要与同期海底火山喷发有关，并认为磷的富集作用是多阶段、多期次的，藻类生物的吸收和固定作用是磷质沉积转移的主要途径，磷沉积后经过一系列的富集作用才能形成具有工业价值的磷块岩矿床。

随后，现代沉积学、岩石学、古海洋学和岩相古地理学等一些新理论被应用于磷矿资源的基础地质研究和成因探讨中。叶连俊(1989)详细总结了我国陡山沱期以来沉积型磷矿床的地层序列、矿石类型、沉积环境与沉积相以及岩相古地理和磷块岩展布，总结出陡山沱期开阳、瓮安、荆襄等大型矿床一般形成于台地外缘的古隆起或同生水下隆起周缘，磷质富集是受古地理控制的物理富集和生物富集两种因素共同作用的结果。刘魁梧等(1985,1994)通过对比研究不同类型磷块岩结构类型、胶结物类型，分析了磷块岩复杂沉积、成岩环境对矿石结构的影响。吴祥和(1999)根据当代沉积学、层序地层学、古海洋学和板块构造等最新理论，系统地论述了前寒武纪晚期贵州的含磷岩系、磷块岩矿物、矿石类型及典型磷矿床地质特征，重塑了成磷期岩相古地理和构造环境，并探讨了其对磷矿床形成的控制作用，阐明了扬子东南被动大陆边缘向前陆(盆地)充填的聚磷盆地及其演化、三级相对海平面变化旋回和海平面变化事件(界面)及其与成磷作用和磷矿定位的关系；提出了海相磷酸盐循环(模式)的新见解，同时对磷的物质来源、迁移、沉淀和磷块岩的形成、富集机理，以及有关贵州磷块岩成因及磷矿资源远景预测均作了有意义的探讨。

进入21世纪后，地球化学分析方法在黔中地区磷矿床的研究中开始被普遍应用，有关贵州磷矿的研究开始探讨成矿时代、成矿来源、成矿环境和与前寒武纪生命大爆发等问题，研究重心也从开阳地区逐渐转向瓮福地区。成矿时代方面，胡瑞忠等(2007)利用$Sm-Nd$、$Rb-Sr$同位素定年方法，对贵州瓮安磷矿、开阳磷矿、织金磷矿进行了系统的年代学研究。研究发现，瓮安磷矿上矿层磷块岩的$Sm-Nd$等时线年龄为$588\pm35Ma$，开阳磷矿的$Rb-Sr$等时线年龄为$596\pm42Ma$，梅树村期织金磷矿的$Sm-Nd$等时线年龄为$526\pm15Ma$，该矿的$Rb-Sr$法等时线年龄为$528\pm28Ma$；Xiao等(1998)通过对全球晚元古代地层的对比研究，推测该区陡山沱期磷矿形成时代应介于$600\sim550Ma$之间；Barfod等(2002)利用$Pb-Pb$、$Lu-Hf$同位素定年方法对该区陡山沱期磷矿进行了年代学研究，确定瓮安磷矿上矿层磷块岩的$Pb-Pb$等时线年龄为$599\pm4.2Ma$，开阳磷矿的$Lu-Hf$等时线年龄为$584\pm26Ma$。Chen等(2004)对瓮安磷矿上矿层磷块岩进行$Pb-Pb$同位素定年，得出的$Pb-Pb$等时线年龄为$576\pm14Ma$。成矿物质来源研究方面，Shen(2000)认为在陡山沱期的成磷事件中，微生物的过度繁殖与铁离子泵的作用可能起了很大作用；陈多福等(2002)通过研究贵州瓮福新元古代陡山沱期磷矿床的铅同位素特征及其来源认为大规模磷质成矿的初始物质主要来源于地幔；郭庆军等(2003)认为瓮安生物群繁盛及磷块岩富集与海底热水喷流活动存在联系，富集的磷在海底上升洋流作用下，运移到氧化还原界面上富集成矿；密文天等(2010)认为南沱冰期后随着海水升降变化，上升洋流携带大量富磷海水进入浅水环境，在有利的成磷场所下形成了磷块岩沉积。通过地球化学及沉积序列分析，黔中地区陡山沱期磷矿成矿环境研究也取得了一定进展，Chen等(2003)详细研究了瓮安陡山沱组磷块岩中稀土元素地球化学特征，认为稀土元素配分特征指示了陡山沱组磷矿层形成环境从下(早)至上(晚)由还原变成氧化，从而可能为瓮安生物群的爆发提供了必要条件；牟南等(2005)认为早寒武世早期古陆遭受风化，被剥蚀下来的产物成为潮坪型磷块岩的主要磷质来源,在碳酸盐岩台地发生的热点活动和上升洋流从盆底深部带来的磷质,共同作为台地型磷块岩的磷源;吴凯等(2006)对瓮安磷矿上、下矿层氧化还原敏感元素 Mo、U、V 及稀土元素比较分析认为,瓮安陡山沱组所处的海水沉积环境由下部的缺氧环境向上部的氧化环境转变;密文天等(2010)对瓮安磷矿大塘剖面进行沉积环境研究,将 Marinoan 冰期后沉积的陡山沱组分为 6 个向上变浅的沉积序列,认为贵州瓮安陡山沱组磷块岩为碳酸盐岩型含磷岩系,属于浅海碳酸盐岩台地沉积区。自 Xiao 等(1998)在 *Nature* 期刊发表瓮安地区磷矿层"胚胎"动物化石以来,对磷质富集和生命演化的关联逐渐成为研究热点,引来大批国内外学者对瓮安后生动物群的研究。

第三节 关键地质问题

沉积矿床的成因问题,本质上包含物质来源问题、成矿地质作用问题以及成矿过程问题。沉积型磷矿床是地质历史演化中一种事件型沉积,是伴随不同时段地质特征的动态演化结果。且磷元素是一种生命必需元素,在大洋磷循环过程中,全球气候变更、海平面升降、海水地球化学条件变化及生物演化等因素对磷矿成矿均有较大影响,因此磷矿床的形成往往是多种地质因素、多阶段累计叠加形成的一种特殊的沉积型矿床。研究磷矿床成因,需系统分析磷质物质来源、成矿地质作用及成矿过程等关键问题。

1. 磷块岩的成矿物质来源问题

磷块岩成矿物质来源问题一直以来争议很多,最早提出的"生物成磷"说认为磷块岩是由生物遗体堆积而成,认为磷块岩的形成与大规模生物死亡有关,或是生物腐烂释放含磷物质形成磷块岩,虽然"生物成磷"说与磷矿成矿密切相关,但伴随世界各地各类型大型矿床的新发现、新研究,生物作用难以直接形成大规模磷矿床,且没有严格的科学数据支撑,因此"生物成磷"说解释磷质来源问题逐渐被摒弃。伴随学者对海洋中大洋磷循环的不断研究,"上升洋流"说成为解释磷块岩成矿物质来源的主导学说,在大洋磷循环系统中,海洋中磷质输入主要来自陆源,其主要的输入形式是河流带入和陆源风化,大气沉降和地下径流或水岩交换也是重要的磷质输入途径,通过陆源输入的磷质会在深海聚集,形成大洋"磷库",最终上升洋流携带深水"磷库"中的富磷海水进入浅水,以无机沉淀或生物聚集的方式形成磷灰石沉积。此外,认为地球内部火山或热液活动也可以为磷块岩沉积提供磷质来源,但通过统计现代海洋火山、热液活动认为,火山、热液对海洋中的磷质输入量相比陆源输入,其供磷量是微不足道的,但是与热液有关的铁、锰氢氧化物可以吸附磷质,为磷块岩沉积提供聚集动力。虽然热液对现代大洋中磷输入的影响仅仅局限于洋中脊及海底火山附近,但是在地质历史中的某些时段,如白垩纪中期海底火山活动异常活跃,对大洋中活性磷循环的影响不可低估。

黔中地区磷块岩主要集中在古陆边缘或水下隆起周缘的浅水地带,一般与碳酸盐岩或陆源碎屑岩共生,局部地区与生物化石或遗迹密切共生,但黔中地区磷矿石类型复杂多样,前人对本地区物质来源解释多种多样,生物成因、上升洋流成因或热水成因均有涉及。本次研究针对不同地区不同类型磷块岩磷质物质来源作多样化分析,对成矿物质来源问题做出了合理解释。

2. 成矿地质作用问题

成矿地质作用问题的实质是指最初的海水中磷质富集、沉积磷灰石到沉积后磷灰石的聚集、成矿及改造、再沉积过程。现有的研究表明,海水中磷酸盐浓度较低,往往是不饱和的,且海水中羟磷灰石和氟磷灰石的溶解度低于碳氟磷灰石,而碳氟磷灰石大部分是海相磷块岩的磷灰石矿物,因此磷灰石难以在海水中直接无机沉淀。自生磷灰石沉积理论主要分为两种:有机质沉降模式沉积和Fe-氧化还原泵模式沉积,两种磷灰石沉积模式适用于解释全球各大磷矿床的沉积成因。但是磷灰石的沉积往往分散于沉积物中,磷块岩的最终形成往往与沉积后的改造作用密不可分,通过水流等动力介质机械(物理)作用将分散于沉积物中的磷质重新富集再造,才能达到工业品位,现已研究的世界各地大型矿床大部分存在机械作用改造过程。

黔中地区磷矿床矿层厚度大,矿石品位高,矿石类型多样、独特,成矿地质作用复杂。本次研究重点探讨磷矿床的沉积、再造过程,还原磷矿床成矿地质条件,从而对各矿石类型成因及富矿原理做出合理解释。

3. 成矿地质过程问题

沉积型磷矿床的沉积、成矿往往是一个动态演化的过程。在磷块岩成矿过程中,首先需要磷质物质来源供给充足,其次是磷质在海水中的富集阶段,然后是一定的地球化学条件和成矿模式下的磷灰石沉积阶段,最后是使磷矿层品位提升的改造、再沉积阶段。磷矿床沉积的每一个阶段均需要特定地质条件,在这一地质过程中,大气氧含量变化、海平面升降、海水地球化学条件改变、生物演化和古地理格局和构造作用均对成矿作用有重要影响。磷矿的沉积、改造过程可能是不断循环、交替进行,正是这种不断的沉积、改造、再沉积,导致磷矿床厚度不断增大,品位不断升高,因此多阶段、多期次成矿作用往往是形成大型磷矿床的关键因素。

黔中磷矿特别是开阳磷矿具有量大、质优的特点,其成矿过程与多期次成矿密切相关,通过对成矿过程解析、还原,建立成矿模式,进而确立控矿因素,寻找找矿靶区,以达到找矿预测目的。

第四节 研究思路与方法

一、指导思想

本次研究以现代沉积地质学和矿床地质学的理论为指导,以系统收集研究区基础地质与磷矿勘查成果为基础,以野外地质调查和取样测试为重要补充,以解决关键性问题为主要研究内容,以解决磷成矿地质条件、成矿地质作用、成矿规律和圈定找矿靶区为最终目标。在具体工作中,遵循以下原则。

(1)"产、学、研相结合"原则:通过产、学、研合作,力求将理论研究与找矿工作、基础地质与矿产地质相结合,最终为区域找矿突破服务。

(2)"宏观与微观相结合"原则:将区域古地理及其与区域沉积作用关系的宏观研究,与钻孔、剖面及点上解剖、测试分析相结合。

(3)"重点突破、区域展开、以点带面"原则:从区域成矿地质背景、区域控矿因素等方面综合分析入手,选准典型矿床和剖面进行解剖,从而获得整体性认识,再用整体性认识去分析和寻求找矿工作的突破点。

二、研究内容

（1）含矿岩系地层学研究：采用岩石地层学、生物地层学、年代地层学方法确定含磷地层及上覆和下伏地层的时代，厘定含磷岩系岩石地层划分与对比。

（2）含矿岩系沉积环境研究：通过沉积成因标志研究，结合岩石组合、古生物标志等，识别含矿岩系沉积环境，恢复古地理和古地貌，阐明沉积成矿演化规律。

（3）含矿岩系成矿地质条件研究：通过古地理恢复、古地貌、古生态系统、古水文系统及沉积成矿期生物化学条件，确定含磷岩系沉积和成岩过程中的成矿地质条件。

（4）含矿岩系成矿地质作用研究：通过对比开阳、瓮福地区陡山沱组含磷岩系岩石组合、矿石类型及沉积地球化学对比，阐明成矿物质来源，恢复含磷岩系沉积-成矿地质过程，在还原古地理及分析海平面变化的基础上还原磷矿簸选成矿和淋滤成矿地质作用。

（5）成矿规律研究：在成矿地质条件、成矿地质作用研究分析的基础上，确定主导控矿地质条件、控矿因素和找矿标志，总结磷矿成矿规律，建立动态成矿模式，确定磷矿的找矿方向和找矿靶区。

三、研究方法

（1）全面收集资料：收集黔中地区及邻区的区域地质调查、矿产资源潜力评价、区域矿产、典型矿床、区域成矿规律研究等资料，收集勘查区地质填图、矿产勘查、专题研究等资料，收集物探、化探、矿山地质等资料，编制区域及勘查区工作程度图，建立地质资料档案。

（2）岩石地层学研究：通过野外剖面、探槽及钻孔的岩石学、沉积学分析及空间展布特征分析，对磷矿层顶底两个不整合面进行研究，确定含磷地层的时代，以完善含磷地层的地层时代和年代学地层格架。

（3）宏观沉积学分析：依托沉积学的新理论和分析技术，突出露头、岩芯等资料综合分析的优势，揭示沉积相类型和空间配置规律，通过精细地层对比和沉积相的识别，并利用定量岩相古地理学方法理论，进行含磷岩系古地理学研究，进而探讨成矿古地貌和古构造条件。

（4）微观沉积学分析：通过岩石薄片、扫描电镜、电子探针等手段，分析岩石、矿石的微观结构、地球生物学信息，结合宏观沉积学特征，确定含磷沉积的物理、化学条件，还原矿石沉积、成矿环境。

（5）地球化学分析：通过常量元素、微量元素、稀土元素、同位素分析，探讨磷质物质来源、磷质富集条件和沉积成矿地球化学特征。

（6）含矿沉积建造综合研究：通过含矿沉积建造的物源分析，包括成熟度分析、微量元素分配类型分析、稀土元素分析、化学成分分析、碎屑模型分析，开展典型矿床研究，建立不同典型矿床的成矿模式，探索磷矿分布和富集规律。

第二章 地质背景

第一节 大地构造背景

华南板块主要由扬子板块和华夏板块构成,两板块的碰撞造山作用发生在约820Ma,并在两板块之间形成了北东—北东东走向延伸约1500km的江南造山带,随即两板块发生裂解形成南华裂谷盆地(Zhao et al,2011)。南华裂谷阶段始于青白口纪(820Ma)(王剑等,2012)或南华纪—震旦纪(720~635Ma)(覃永军,2015),扬子板块和华夏板块整体遭到极大的拉张裂解作用,主裂谷系形成于扬子地块的东南缘、北缘和西缘,地块内同样发育众多分支的小型裂谷,并奠定了新元古代以后盆地发育的基底。震旦纪—寒武纪之交是华南古大陆演化的另一转折时期,本时期为华南地区由裂谷盆地转为被动大陆边缘演化阶段(Jiang et al,2011;汪正江等,2011),没有大规模的火山活动,整个华南古陆开始接受持续稳定的海相沉积(王剑等,2012)。

新元古代早期,伴随Rodinia超大陆解体,华南古地理相应发生裂解(王剑等,2001),本期贵州省大地构造横跨扬子陆块和南华裂谷盆地两大构造单元(王剑等,2009、2012),两构造单元的分界线在黔东南三江—湘西黔阳一线;该阶段拉张裂陷作用普遍伴有强烈的火山喷发活动,裂陷内主要充填了一套陆相或海相火山-沉积岩系(王剑等,2012)。南华纪开始,由于受强烈拉张作用,发生陆壳移离,先前环扬子古陆北、东南、西南3面边缘的裂陷经热衰减沉降转化为广阔的被动大陆边缘盆地(Jiang et al,2011;汪正江等,2011),黔中地区大地构造位置处于扬子地台东南缘(图2-1),为构造活动相对稳定的扬子克拉通区,克拉通内局部有隆起或台内洼陷,整体接受较为稳定的海相沉积,而碎屑岩沉积主要集中在位于黔中以西的康滇隆起周围(王剑等,2012;Zhu et al,2007;刘静江等,2015),扬子地块东南接扬子东南大陆边缘盆地,自北西至南东逐渐由台地碳酸盐岩相向陆架斜坡碎屑岩相过渡,表现出典型的古被动大陆边缘性质(汪正江等,2011)。

第二节 地层

黔中地区出露最老地层为青白口系板溪群清水江组,最新地层为第四系,期间缺失奥陶系、志留系、泥盆系及石炭系。黔中地区含磷层位有两个,即下震旦统陡山沱组磷矿层(下磷矿层)和下寒武统牛蹄塘组底部的磷矿层(上磷矿层)。本次研究主要以下磷矿层作为勘查开发和研究对象,因此重点介绍青白口系清水江组—震旦系灯影组。

根据《贵州省区域地质志》及1∶20万区域地质报告,黔中及周边地区前寒武系可划分为织金地区、开阳地区、瓮福地区、都匀地区和遵义地区五个分区(表2-1)。其中除织金地区最

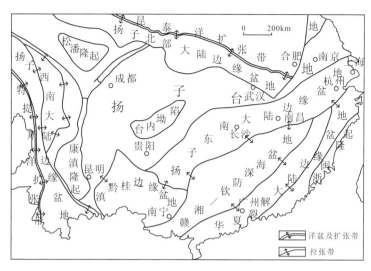

图 2-1 中国大陆南方震旦纪大地构造位置与原型盆地示意图

(据周小进等,2007)

老地层为震旦系灯影组之外,其余地区出露最老地层均为青白口系清水江组;开阳地区南华系地层仅零星分布,岩性以河湖-滨海相砂页岩为主,被命名为马路坪群,瓮安、福泉、都匀及遵义地区则均发育南沱组冰碛砾岩;陡山沱组及灯影组在黔中、黔北、黔东南等地区均有广泛分布。现将各分区地层从老至新分述如下。

表 2-1 黔中地区青白口系-下寒武统地层分布对比图

地层		地区	织金戈仲伍	开阳洋水	瓮安白岩	都匀丹寨	遵义松林
寒武系	下统		清虚洞组	清虚洞组	清虚洞组	清虚洞组	清虚洞组
			金顶山组	金顶山组	金顶山组	杷榔组	金顶山组
			明心寺组	明心寺组	明心寺组	变马冲组	明心寺组
			牛蹄塘组 戈仲伍组	牛蹄塘组	牛蹄塘组	牛蹄塘组	牛蹄塘组
震旦系	上统		灯影组	灯影组	灯影组	灯影组	灯影组
	下统			陡山沱组(洋水组)	陡山沱组	陡山沱组	陡山沱组
南华系					南沱组 三段	三段	南沱组
					二段	二段	
						一段	
				马路坪群			
青白口系				清水江组	清水江组	隆里组 清水江组	清水江组

一、青白口系

1. 开阳地区

清水江组：灰绿色—褐黄色粉砂质页岩及变余粉砂岩，深灰色中厚层玻屑凝灰岩；出露于洋水背斜核部，与上覆马路坪群或陡山沱组呈角度不整合接触；厚度大于50m。

2. 瓮福地区

清水江组：由灰绿色薄至中厚层变余凝灰质粉砂岩与变余凝灰质黏土岩的韵律层组成，夹不稳定的铁质绿泥石水云母黏土岩；该组与上覆南华系南沱组或震旦系陡山沱组呈微角度不整合或假整合接触；厚度不详。

3. 都匀地区

清水江组：灰色薄层浅变质变余凝灰岩、变余砂岩及绢云母板岩，岩层韵律型沉积明显，每一韵律层厚数毫米至数米，韵律间一般有冲刷面存在；地层厚度较大，可达数百米。

隆里组：灰绿色块状变余砂岩与绢云母板岩互层；与上覆南沱组地层呈角度不整合接触；地层厚度变化较大，南皋以北厚度约300m，以南可达1000m。

4. 遵义地区

清水江组：灰紫色—紫红色中厚层变余砂岩及变余层凝灰岩、凝灰岩夹绢云母板岩，层内有较多变余晶屑玻屑凝灰岩、层凝灰岩，绢云母板岩夹层较多，斜层理、波状层理发育；区内出露面积较小，厚度有限。

二、南华系

1. 开阳地区

马路坪群：紫红色薄层黏土岩、粉砂质黏土岩夹岩屑细-粉砂岩，偶夹冰碛砾岩、砂砾岩及灰绿色黏土岩；与上覆陡山沱组地层呈小角度不整合或假整合接触；分布于开阳中心—北部温泉一带，厚49～129m。

2. 瓮福地区

本区出露的南沱组按区域对比分为三段，其中第一段在区内缺失。

第二段：灰黄—灰白色薄层至中厚层细粒含砾粉砂岩及含砾黏土质页岩，夹黑色片状碳质页岩；仅在东部重安平一带有小面积出露，与上覆南沱组第三段呈假整合接触，厚度为0～32m。

第三段：灰绿色夹紫红色冰碛砾岩，下部常夹1～2层数米厚的板岩或含砾变余砂岩，冰碛砾岩主要由绢云母板岩、变余石英砂岩、石英砂岩等砾石组成；与上覆南沱组地层呈假整合接触；厚度变化较大，余庆—龙溪一带厚达195m，重平安一带厚62m，朵丁一带仅数米厚。

3. 都匀地区

该区地层主要由南沱组冰碛砾岩及砂岩组成，可分为三段，其中第三段较为稳定，第一段、第二段常缺失。

第一段：灰绿色变余砂岩与砂质板岩互层，顶、底各有一层冰碛砾岩；仅见于南皋地区，总厚0～79m。

第二段：上部以灰绿色绢云母板岩为主，偶含少量砾石，下部为黑色碳质页岩，底部常见 2～5m 的砂岩或砾岩；地层厚度南厚北薄，约 0～300m。

第三段：灰绿色、黄绿色、紫红色冰碛砾岩，上部常夹绢云母板岩，砾石成分除板溪群各种变质岩外，有少量酸性侵入岩、中基性喷出岩等；与上覆陡山沱组呈假整合或局部角度不整合接触；南部厚度较大，最厚可达 399m，北部逐渐减薄至 158m。

4. 遵义地区

南沱组：紫红色夹灰绿色冰碛砾岩，冰碛砾岩呈块状，砾石含量为 15%～40%，砾石成分复杂，以下伏板溪群清水江组紫红色变余砂岩、砂质板岩为主，中酸性火成岩罕见；与上覆陡山沱组呈假整合接触，厚 38～62m。

三、震旦系

1. 开阳地区

陡山沱组（洋水组）：本段为黔中地区主要的赋矿层位，主要以灰色砂屑磷块岩为主，夹少量砾屑磷块岩及白云质条带，底部常见一层灰绿色含海绿石砂岩；与上覆灯影组整合接触；地层厚 2～28m，一般 6～10m，自北向南地层厚度逐渐变薄。

灯影组：主要为台地相碳酸盐岩组合，以白云岩沉积为主，藻类化石丰富，厚度为 200～300m。

2. 瓮福地区

陡山沱组：上部为黑色、灰黑色致密状白云质磷块岩、碳泥质砂屑磷块岩（b 矿层）与灰色、黑灰色薄层条带状白云质磷块岩（a 矿层），夹黑色含磷碳质泥岩和灰色含磷细晶白云岩（G），下部为灰色、浅灰绿色薄至中厚层细－中粒含磷细砂岩夹浅灰色含磷粉晶白云岩，砂岩含不规则碳泥质条带及脉状、星散状黄铁矿。在白岩背斜东翼研究区部分地段有出露，其余呈隐伏状产出。该地层为工业磷块岩赋存层位，厚 17.36～120.95m。

灯影组：上部为白色、乳白色厚层硅质岩，浅灰色厚层团块状硅质白云岩，硅质岩由霏细状硅质-石英构成，致密坚硬，团块状硅质白云岩具漩涡状、马尾状构造，局部含豆粒状、蠕虫状塑性砾屑；该层岩石组合比较稳定，普遍硅化严重，藻类化石丰富，局部地区夹含磷层位，厚度一般为 200m 左右。

3. 都匀地区

陡山沱组：以碳质页岩为主，偶见白云岩，底部有一层白云岩，局部地区夹 1～2m 厚的灰黑色泥晶磷块岩层，地层总厚度为 0～64m。

灯影组：浅灰色薄层至中厚层白云岩，含燧石结核及条带，厚 0～97m。

4. 遵义地区

陡山沱组：上段以灰黑色、灰绿色粉砂质页岩、黏土岩夹碳质页岩及少量泥晶白云岩、白云岩为主，近顶部碳质页岩增多，且夹灰色－灰黑色凝聚磷块岩层或磷质结核，厚约 140m；下段以浅灰色中厚层含钙质白云岩为主，厚约 8m。

灯影组：主要由夹硅质条带或团块的含藻白云岩夹少量硅质磷块岩、碳质黏土岩组成，藻类化石丰富，厚 520～590m。

第三节 沉积古地理背景

新元古代末期全球性大冰期(Marinoan 冰期)是地球演化历史上的重要转折,新元古代冰期后,全球系统发生巨变,如 Rodinia 超大陆已开始发生裂解,大气氧含量增加,深部海水逐渐由硫化转变为氧化(Canfield et al,2007),碳、硫、锶同位素组成发生大幅度振荡和强烈分馏等(Hoffman et al,1998)。华南板块在这一时期构造古地理对全球演化有很好的响应。南华冰期结束后,华南板块的沉积基底已经基本成型,华南地区已由裂谷盆地转为被动大陆边缘演化阶段(Jiang et al,2011;汪正江等,2011),没有出现大规模的火山活动,整个华南古陆开始接受持续稳定的海相沉积(王剑等,2012),在生物演化方面也有重大发展,如瓮安生物群的出现(Xiao et al,1998;Chen et al,2004)。本次研究根据岩石地层学、生物地层学、沉积学等方法对贵州省南华纪晚期-震旦纪古地理背景作了重新研究。

一、南华纪晚期沉积古地理

据贵州省各图幅1:20万地质报告及前人文献资料,结合全球变化背景分析,南华纪经历了两大冰期,即 Sturtian 冰期(720~670Ma)和 Marinoan 冰期(约 670~635Ma),从而形成了冰川沉积-间冰期沉积-冰川沉积的沉积序列,而本次古地理背景研究将时间下限定在 Marinoan 冰期内,再造635Ma左右震旦纪陡山沱期海侵开始之前贵州省的古地理格局。黔西地区基本无寒武纪以前的老地层出露,前人资料中均将黔西、滇东及川中地区在南华纪-震旦纪之前定义为古陆(刘静江等,2015)。黔东地区有较为广泛的南沱组发育,岩性均为冰碛砾岩,其中砾石成分复杂,砂岩、板岩、硅质岩、页岩等沉积岩成分较为常见,代表原先沉积的岩类遭受冰川搬运再造,部分地区砾石成分含花岗岩类、辉绿岩等酸性、中基性岩,表明之前的基底岩性受风化、破碎及冰川搬运,而这些酸性、中基性岩砾石的存在证明在陆源区存在较高山脉,自基底形成后还未接受沉积或沉积厚度较薄,已被风化剥蚀。南沱组厚度变化较大,自北西至南东逐渐变厚,其中在瓮安白岩厚度仅1m,而在贵州东南部三江地区厚度可达1900m,等厚度线大体圈定了南华纪贵州省自北西至南东依次为古陆、滨海、浅海、斜坡及深海的古地理格局(图 2-2),陆源碎屑来自西北部的古陆,而海水侵入方向为自南东至北西。此外,通过南沱组等厚度图曲线分析,在贵州东北部镇远至江口南沱组厚度较小,推测有水下隆起,甚至超出海平面成为岛屿;而贵州东南部三江地区南沱组厚度巨大,推测为较深的海域。

贵州省内比较特殊的地区在黔中开阳-遵义一带,整体来看南沱组在瓮安地区已经尖灭,瓮安西部-开阳中部陡山沱组之下一般为一套砂泥岩、黏土岩沉积序列,可能为间冰期产物,很少见到冰碛砾岩层,但西北部的遵义地区又重新见到了南沱组冰碛砾岩沉积,且沉积厚度可达67m(遵义六井剖面),砾石大小不等,从几毫米至几米均可见,砾石形态多样,分选磨圆较差,砾石成分主要为板溪群沉积的紫红色变余砂岩,为典型的冰川堆积相沉积。而遵义周边地区除东南部开阳、瓮安地区有较薄层的南沱组外,南沱组均不可见(缺失或未出露,而地质资料认为周边地区缺失南沱组),故将遵义地区划分为冰水海湾沉积。

二、震旦纪陡山沱期沉积古地理

震旦纪开始,伴随气候转暖和雪球事件的结束,扬子板块东南缘发生自南东到北西的大规

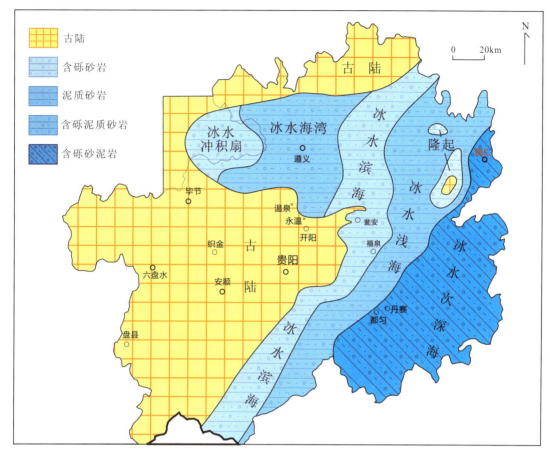

图 2-2 贵州省南华纪晚期岩相古地理图

模海侵,陡山沱期沉积在南沱期古构造和古地理的基础上继承发展:扬子地台西部仍为围绕康滇古陆、川滇古陆发育的陆表海沉积,古陆周围有若干小岛或隆起分布,鄂西水下隆起(鄂西台地)东接汉川古陆;扬子地台东南部的黔中古陆周边发育的陆表海沉积,黔东北、湘西一带发育一系列水下隆起,南东为外陆棚沉积,并延伸至湘桂海盆,与华夏古陆隔海相望(Zhu et al, 2007;马永生等,2009;Jiang et al,2011;刘静江等,2015)。整个扬子地台自北西至南东主要发育了浅水碎屑岩沉积相区、台地碳酸盐岩沉积相区和台缘斜坡-深水盆地硅质岩沉积相区,地台沉积发育了一套主要由碎屑岩、碳酸盐岩、硅质岩夹磷块岩构成的混合沉积序列(Zhu et al, 2007;马永生等,2009;刘静江等,2015)。

贵州省内陡山沱组主要出露于黔中—黔东地区,黔西地区几乎未出露。陡山沱初期由于南西、北西地势较高,海侵过程中不断提供陆源碎屑物质,导致黔中古陆西部和东部沉积物出现明显差异,西部主要以碎屑岩为主,发育砂岩、黏土岩及页岩,夹少量泥质白云岩,南东部海水逐渐加深,发育碳酸盐岩-硅质岩相沉积。黔中织金—开阳—瓮安—福泉一线南西无陡山沱组沉积记录,因而推测为黔中古陆北界;清镇一带发育陡山沱组碎屑岩沉积,推测为黔中古陆南界。陡山沱早期开始,冰川消融,以黔中古陆为中心,周边主要的沉积相类型有:陆源碎屑海滩相、滨岸磷酸盐相、浅海碳酸盐岩台地相及斜坡相、深陆棚边缘相(图 2-3)。早期黔中古陆周缘如开阳、瓮福、织金、清镇地区主要发育了陆源碎屑沉积,但由于地形地势差异,导致古陆周边的无障壁海岸相、障壁海岸相、潟湖相等沉积相差异。古陆东部瓮安—独山一带,早期为白云岩沉积,可与此时期全球性沉积的盖帽白云岩相对应,为浅海碳酸盐岩沉积相;随着海侵范围较早期进一步扩大,古陆周缘浅海地区发育了一系列的磷块岩沉积序列。铜仁西部尖坡—白岩山一线,地层厚度较薄,整个陡山沱组厚度为1~11m,主要为白云岩、泥质白云岩沉积,推测为水下隆起,发育浅海碳酸盐岩沉积。遵义地区南沱期为海湾相沉积,海水较深,而陡山沱期海侵沉积了一套黏土质粉砂岩、页岩沉积相,层序底部往往为白云岩、泥质白云岩,可与盖帽白云岩相对应,为黔西内陆棚沉积相区。黔东南镇远—南丹一线主要为碳酸盐岩与钙质页岩互层或夹层沉积,碳质页岩及硅质岩也较常见,在丹寨地区可见明显的滑塌构造及包卷层理等,故这一地区为黔东外陆棚-斜坡相沉积。最东南部三江地区主要为碳质、硅质页岩及硅质岩沉积,反映了海水较深的深陆棚边缘-盆地相沉积。

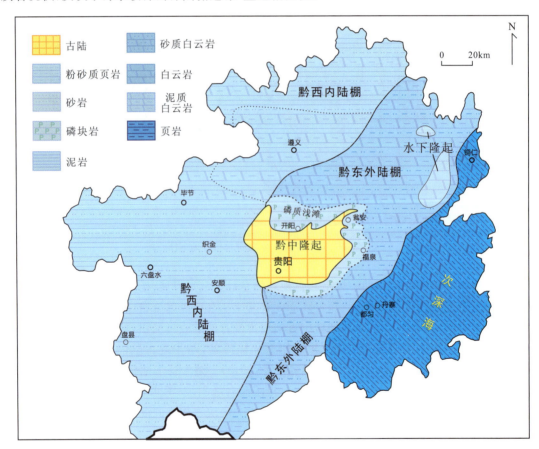

图 2-3　贵州省震旦纪陡山沱期岩相古地理图

三、震旦纪灯影早期沉积古地理

总体上由陡山沱期到灯影期为一个自南东至北西的海侵过程,灯影期古地形、古气候都发生了显著的变化。灯影期地层在扬子地台均有广泛分布,在黔东—湘西地区称为留茶坡组,主要为一套硅质岩、硅质页岩、碳质页岩沉积组合;在黔南—桂北地区称为老堡组,为一套硅质岩、硅质页岩沉积组合；在黔中、黔北地区称为灯影组，为一套白云岩沉积组合。灯影期沉积相是在陡山沱期古地理基础上进一步发展、演化的，整个扬子地台受海侵影响几乎全部被海水淹没，仅在西南残存一点康滇古陆，扬子台地转变为稳定的台地相碳酸盐岩沉积。从岩相上看，台地区灯影组沉积以碳酸盐岩为主，其中大部分为白云岩，灰岩极少，沉积厚度较大，分布较广，台地东缘、东南缘为留茶坡组、老堡组斜坡-盆地相硅质岩沉积(Zhu et al，2007；马永生等，2009；刘静江等，2015)。

贵州省广泛发育灯影期地层，本期古地理格局与陡山沱期变化不大，整体地势仍为北西高、南东低(图2-4)。黔中—黔西地处广阔的川滇黔台地东缘，沉积以碳酸盐岩为主，陆源碎屑输入量极少，为碳酸盐岩台地相沉积；贵阳南部及黔北西阳地区为细粒—微粒白云岩，为碳酸盐岩台地边缘沉积；黔东与湘西、桂北接壤地区的老堡组、留茶坡组均沉积深灰色—黑色条带状硅质岩夹硅质页岩、碳质页岩及粉砂岩，偶夹磷结核，为半深海-深海斜坡-盆地相沉积。此外，本期温暖湿润的气候条件、海水大气含氧量进一步增加，使藻类生物发育繁盛，广阔的台地及台地边缘均有丰富的藻纹层及藻类化石，生命活动的繁盛使碳酸盐岩沉积速率明显加快，导致灯影期短时间内地层厚度远大于整个陡山沱期。

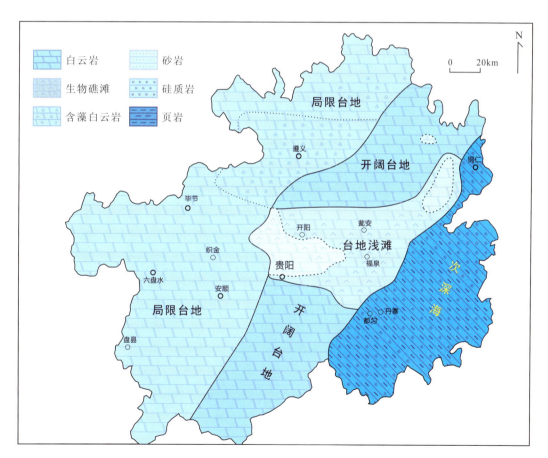

图2-4 贵州省震旦纪灯影早期岩相古地理图

第三章 典型矿床

第一节 开阳磷矿

一、地质背景

(一)区域地质背景

贵州省大地构造跨上扬子陆块与江南复合造山带两个构造单元,普安—贵阳—瓮安—印江一线北西为上扬子地块,南东为江南复合造山带(图3-1)。贵州开阳磷矿形成于新元古代末陡山沱期,地理位置位于贵阳市北部开阳县的北部和东部,包括开阳(温泉、两岔河、用沙坝、牛赶冲、马路坪和沙坝土6个矿段)、永温、新寨、龙水4个磷矿床。构造位置上开阳磷矿分布于两个构造单元接触带的上扬子陆块东南部一侧、黔中古陆北缘(图3-1)。该时期板块构造稳定,岩浆活动少,扬子地台广泛发育稳定的海相碳酸盐岩和磷质岩沉积。

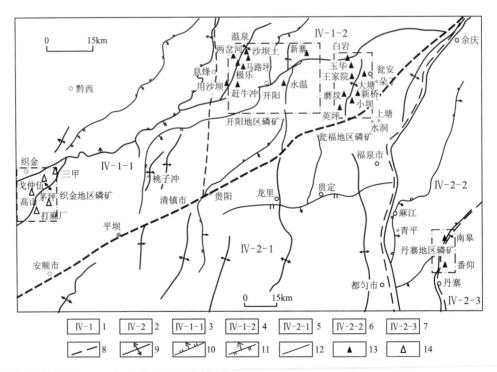

图3-1 黔中地区构造略图(据陈国勇等,2015)

1.上扬子陆块;2.江南复合造山带;3.黔北隆起区织金穹盆构造变形区;4.黔北隆起区凤冈隔槽式褶皱变形区;5.黔南坳陷区都匀南北向隔槽式褶皱变形区;6.黔南坳陷区铜仁复式背斜变形区;7.榕江加里东褶皱区;8.构造单元边界;9.背斜;10.正断层;11.逆断层;12.性质不明断层;13.震旦纪磷块岩矿床;14.寒武纪磷块岩矿床

(二)区域地层

区域出露最老地层为青白口系板溪群清水江组,最新为第四系,其间缺失奥陶系、志留系、泥盆系及石炭系(表3-1)。区内见少量的二叠纪峨眉山玄武岩分布,变质岩主要为元古宇清水江组浅变质凝灰质板岩、变余粉砂质黏土岩、变余砂岩。

表3-1 区域地层简表

年代地层				地层代号	厚度(m)	岩性描述	矿产
界	系	统	组				
新生界	第四系			Q	0~15	紫色、黄色残坡积、冲洪积、冰积黏土、砂、砾等堆积物	
中生界	三叠系	下统	茅草铺组	T_1m	320~540	灰岩、白云岩,顶部为溶塌角砾白云岩	
			夜郎组	T_1y	250~517	顶部黏土岩,中部灰岩,底部黏土岩夹灰岩	
	二叠系	上统	大隆组	P_3d	0~6	硅质岩夹黏土岩	
			长兴组	P_3c	7~38	含燧石团块生物碎屑泥晶灰岩	
			龙潭组	P_3l	67~320	黏土岩、粉砂岩、硅质岩夹泥晶灰岩及煤	煤、FeS
			峨眉山玄武岩组	$P_3\beta$	0~103	块状拉斑玄武岩夹凝灰岩、凝灰质黏土岩	
		下统	茅口组	P_2m	0~103	泥晶生物屑灰岩、燧石团块灰岩,中部夹硅质岩	
			栖霞组	P_2q	187~330	泥晶生物屑灰岩、燧石团块灰岩,上部夹白云岩	
			梁山组	P_2l	123~207	黏土岩、粉砂岩、砂岩夹硅质岩及煤	FeS、煤
	石炭系	下统	大塘组	C_1d	0~36	铁铝质黏土岩、黏土岩夹硅质岩	铝土矿、铁矿
古生界	寒武系	上统	娄山关组	$\epsilon_{2-3}ls$	0~511	微—细晶白云岩、淀晶内碎屑白云岩夹藻屑白云岩、泥质泥晶白云岩	
		中统	石冷水组	ϵ_2s	0~276	微晶白云岩、泥质白云岩,顶部石英粉砂岩	
			高台组	ϵ_2g	0~36	含粉砂白云质黏土岩,底部鲕粒白云岩	
		下统	清虚洞组	ϵ_1q	15~130	上部泥至微晶白云岩,下部灰岩夹钙质黏土岩	
			金顶山组	ϵ_1j	89~102	含云母粉至细砂岩、粉砂质页岩夹鲕粒灰岩	
			明心寺组	ϵ_1m	365~469	细砂岩、粉砂质黏土岩,上部夹灰岩	
			牛蹄塘组	ϵ_1n	126~138	碳质黏土岩、粉砂质黏土岩,底部硅质岩及磷块岩	镍、钼、钒、磷
元古界	震旦系	上统	灯影组	Z_2dy	190~460	内碎屑白云岩、藻屑白云岩、粉细晶白云岩	磷
		下统	陡山沱组	Z_1d	5~48	块状磷块岩,顶部白色硅质岩	磷
	南华系	上统	南沱组	Nh_2n	110~124	黏土岩、粉砂质黏土岩夹冰碛砾岩及岩屑砂岩	
	青白口系	板溪群	清水江组	Qbq	>300	浅变质凝灰质板岩、变余粉砂质黏土岩、变余砂岩	

研究区出露地层有青白口系板溪群清水江组、南华系、震旦系、寒武系、石炭系、二叠系、三叠系、第四系。含磷层位有两个，即下震旦统陡山沱组磷矿层（下磷矿层）和下寒武统牛蹄塘组底部的磷矿层（上磷矿层），下磷矿层是该区勘查开发和研究的对象。现从老至新分述如下。

1. 青白口系（Qb）

板溪群（QbBx）：褐黄色粉砂质页岩及变余粉砂岩，深灰色中厚层玻屑凝灰岩。出露于洋水背斜核部。厚度大于 50m。

2. 南华系（Nh）

南沱组（Nh_2n）：中、上部为紫红色、灰红色粉砂质页岩夹薄层至中厚层灰紫色粉砂岩，其中工作区北东侧的两岔河一带顶部见 0~10m 紫红色、灰绿色冰碛砾岩透镜体；中下部为紫红色粉砂质页岩、变余粉砂岩。分布于洋水背斜近核部地段。厚 90~110m。

3. 震旦系（Z）

陡山沱组（Z_1d）：该组为扬子地块重要的赋矿层位之一，是贵州开阳地区磷矿的含矿地层。

顶部出露灰色、深灰色中厚层硅质白云岩，其下为肉红色白云岩，在局部地段硅质白云岩顶部为磷块岩透镜体及含磷白云岩。厚 0~5.44m。

中部出露深灰色、蓝灰色、茶色中厚层致密状、碎屑状及条带状磷块岩，在工作区南部地段磷矿层底部为角砾状磷块岩。厚 1.07~5.34m。

下部出露黄灰色薄层—中厚层含磷砂质白云岩或砂屑磷块岩及磷质岩。产出稳定，为找矿标志层。厚 0~0.60m。

底部出露为海绿石砂岩，厚度一般为 1~15m。

灯影组（Z_2dy）：分布于洋水背斜两翼及极乐向斜两翼，顶部为灰色、黄灰色薄层硅质、泥质白云岩夹蓝灰色页岩及黑色硅质岩透镜体，中部为浅灰色中厚层细晶白云岩，见碎屑状及条带状构造，在矿段南部及中部偶见灰黑色花斑状白云岩及灰白色谷壳状白云岩，下部为浅灰色、灰白色中厚层、厚层碎屑状、条带状白云岩，夹乳白色含硅质团块白云岩，富含小型叠层石及核形石，晶洞及溶孔发育，见针孔状构造，底部为灰色、灰白色中厚层同生角砾状白云岩、鲕状白云岩及白云岩。厚 203.50~318.00m。

4. 寒武系（∈）

牛蹄塘组（$∈_1n$）：黑色碳质泥（页）岩，局部夹泥灰岩透镜体和不规则燧石团块，底部有 0~1.47m 厚的块状、结核状含铀磷块岩及含 Mo、Ni、V 的多金属层。呈环带状分布于洋水背斜两翼。厚 25.47~47.95m。

明心寺组（$∈_1m$）：主要分布于洋水背斜两翼。上部为浅黄色泥岩、灰绿色泥岩夹页岩，顶见厚 2~10m 的灰黄色中厚层石英砂岩；下部为浅黄色泥岩，砂质页岩，灰绿色页岩、泥岩。厚 429~538m。

金顶山组（$∈_1j$）：主要分布于洋水背斜两翼。上部为浅黄色泥质粉砂岩，灰绿色页岩、泥岩夹灰色中厚层灰岩（2~3 层）；中部为灰黄色粉砂岩，灰绿色、灰黄色页岩；底部为灰黄色泥质砂岩，见一层厚 2m 的灰黄色钙质泥岩或泥灰岩。厚 89~177m。

清虚洞组（$∈_1q$）：主要分布于工作区洋水背斜两翼。为灰色、深灰色中厚灰岩。厚度大于 100m。

高台组（$\epsilon_2 g$）：出露于洋水背斜、翁昭背斜及龙水背斜两翼。岩性为深灰色薄层白云质黏土岩夹中层白云岩，局部为薄层泥质白云岩。厚 0～35m。与下伏清虚洞组（$\epsilon_1 q$）整合接触。

石冷水组（$\epsilon_2 s$）：出露于洋水背斜两翼。岩性为灰色、深灰色中厚白云岩，底部为中厚层灰黑色泥质白云岩夹中层灰白色白云岩，见一层厚 1～2m 的鲕粒灰岩。底部为一层厚 2～3m 的紫红色中层粉砂岩、石英砂岩。厚 120～151m。与下伏高台组（$\epsilon_2 g$）整合接触。

娄山关组（$\epsilon_{2-3} ls$）：出露于洋水背斜两翼。岩性浅灰色、灰色中至厚层微至细晶白云岩、粉晶内碎屑白云岩夹藻屑白云岩及黏土质泥晶白云岩。未见顶，厚 257～530m。与下伏石冷水组（$\epsilon_2 s$）整合接触。

5. 石炭系（C）

石炭系（C）主要地层为大塘组（$C_1 d$），岩性主要为杂色铁铝质岩，是该区铝土矿的重要含矿层位。

6. 二叠系（P）

梁山组（$P_1 l$）：主要岩性为灰岩、粉砂岩、砂岩、黏土岩，含薄的煤层。厚度为 2～35m。

栖霞组（$P_2 q$）：主要岩性为灰色、深灰色厚层泥晶灰岩及生物碎屑泥晶灰岩夹灰黑色薄层状泥质岩，含少量的硅质岩团块。厚度为 123～207m。

茅口组（$P_2 m$）：为一套灰色、浅灰色中厚层状泥晶灰岩、生物微晶灰岩，含硅质团块，其中方解石脉发育，可见缝合线等构造。厚度为 28～411m。

龙潭组（$P_3 l$）：主要灰色、深灰色、黄褐色黏土岩、粉砂岩，灰色生物碎屑泥晶灰岩，含煤层，是该区主要的煤系地层。厚度为 67～320m。

长兴组（$P_3 c$）：为一套含燧石团块生物碎屑泥晶灰岩，厚度为 7～38m。

大隆组（$P_3 d$）：主要岩性为硅质岩夹黏土岩。在该区厚度较小，为 0～6m。

7. 三叠系（T）

夜郎组（$T_1 y$）：为勘查区重要地层，出露范围较大，顶部为黏土岩，中部为灰岩，底部为黏土岩夹灰岩。厚度为 250～517m。

茅草铺组（$T_1 m$）：主要岩性为灰岩、白云岩，顶部为溶塌角砾白云岩。厚度为 320～540m。

8. 第四系（Q）

主要分布于地势低洼的河谷及缓坡地带，主要为残坡积黏土、粉砂质黏土、碎石土及河谷谷地的冲洪积碎石土及砂、卵石。厚 0～60m，一般厚 2～10m。

南华纪冰期开阳地区大部分处于海平面以上，因此与黔中瓮安和黔东南桂平、从江等地区相比，开阳地区缺失南沱组冰碛砾岩层，仅新寨勘查区东北部存在冰碛砾岩沉积，陡山沱组与下伏清水江组紫红色含砾黏土质粉砂岩、泥岩层呈角度不整合接触（表 3-1）。

开阳地区含磷岩系主要为陡山沱组，研究区西部洋水背斜一带、永温勘查区、冯三勘查区及南部翁昭勘查区一带，陡山沱组含磷岩系自下而上依次为灰绿色含海绿石石英砂岩、砂质白云岩（厚度为 0～18m，P_2O_5 含量为 0.03%～7.22%）—含肉红色角砾白云岩（厚度为 0～2.5m，P_2O_5 含量为 0.08%～10.56%）—角砾、致密砂屑及含白云质条带砂屑磷块岩（厚度为 0～12.4m，P_2O_5 含量为 15.05%～39.81%）。开阳东北部新寨矿区陡山沱组含磷岩系与瓮福地区相似,含磷岩系可分为a、b两个矿层,地层自下而上依次为海绿石石英砂岩、砂质白云岩(厚度大于4m,P_2O_5含量为0.08%~3.11%)—含锰质碎屑白云岩(厚度为0.14~3.2m,P_2O_5含量为0.12%~7.70%)—a矿层角砾、碎屑、砂屑夹白云质条带磷块岩(厚度为0~8.9m,P_2O_5含量为12.75%~28.89%)—白色、灰白色含硅质团块白云岩、硅质岩(厚度为1.3~22.3m,P_2O_5含量为0.23%~8.12%)—b矿层碎屑、含白云质条带砂屑磷块岩(厚度为0~8.83m,P_2O_5含量为10.23%~30.02%)。由于永温、洋水、温泉等地区地势相对(新寨地区)较高,陡山沱中期海退时受暴露作用影响并未沉积地层,而是在原沉积矿层(相当于新寨a矿层)的基础上,再次形成磷块岩沉积,因此在空间上仅表现出一层磷矿层(相当于新寨b矿层,图3-2)。震旦纪后扬子地台开始接受稳定的海相沉积,故开阳地区陡山沱组与上覆灯影组白云岩层(部分地区灯影组底部白云岩后期硅化为硅质岩)多为整合接触,仅局部地区地势较高,受海平面变化影响出现暴露,陡山沱组与灯影组呈平行不整合接触。

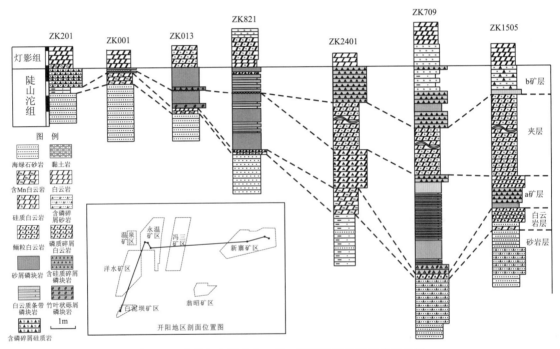

图3-2 贵州省中部青白口系—下寒武统地层划分对比图

(三)区域地层

区内构造线方向主要呈北东向和近南北向,褶皱及断裂发育。

1. 褶皱

主要有乌江镇-息烽向斜、洋水背斜、高水-冯三向斜、翁昭背斜。褶皱的突出特点是褶皱形状多呈长条状;褶皱间的舒缓开阔者与紧缩狭窄者相间分布,后者两翼多不对称;褶曲枢纽多呈舒缓波状起伏,背斜扬起端和向斜倾没端倾角为10°左右,个别向斜低缓地段形成构造盆地;褶皱与断层关系紧密,背斜多被走向逆冲断层破坏。

洋水背斜:轴向北北东,延长约40km,呈长条状,背斜轴部及翼部被多条断层切割,背斜轴向北东25°,为不对称背斜,东翼地层倾角为25°~45°,西翼地层倾角为45°~75°。核部由新元古界青白口系板溪群组成,向两翼依次出露南华系、震旦系、寒武系、二叠系、三叠系,有部分第四系,其中缺失奥陶系、志留系、泥盆系。其地层的空间关系、岩性特征表现为:洋水背斜核部至翼部地层依次为前震旦系板溪群变质砂岩、页岩和板岩,南华系南沱组的冰碛物、紫红色砂页岩,震旦系陡山沱组上段含磷地层、灯影组藻白云岩,下寒武统牛蹄塘组黑色页岩和明心寺组粉砂岩。

翁昭背斜:轴向近南北,延长约24km,轴部出露地层为Qbq—Nh_2n,两翼为Z_1d+Z_2dy—$\epsilon_{2-3}ls$。背斜北段,轴部地层较舒缓,倾角为10°~12°,两翼较紧密,地层倾角为30°~40°,背斜南段,轴部及两翼地层均较紧密,倾角为33°~45°。背斜轴线在翁昭以北被区域性北东东向小腮-花梨逆冲断层错移,错距达4km;背斜东翼南段,含矿层被近南北向逆冲断层推覆掩没。

2. 断裂

区内断裂主要呈北东向分布,且多为与地层走向近于一致的逆冲断层,多分布于背斜近轴部和背斜、向斜转换地带,断裂规模往往与褶皱规模关系密切;其次为北东东向断裂;在研究区南缘有部分小断层呈北西向。

(1)北东向断裂:主要逆冲断层5条,它们是上茅坡-青山断层、马庄断层、高云断层、高坎子断层、毛栗铺断层。均倾向南东,倾角为20°~70°。由于断层断在三叠系、二叠系、寒武系地层中,地层断距不等(0~1300m),延伸长30~37km。破碎带宽5~20m,破碎带成分为角砾岩及糜棱状碎粒岩。次要断层40条以上,逆断层、正断层、平移断层兼而有之,延伸长度少数为10~20km,多数小于10km,断距0~800m。其中,以逆冲断层为主,且与主要断层特征相似;正断层较少,平移断层更少。

(2)北东东向断裂:有小腮-花梨断层和龙水断层。前者是控制构造分区的区域性深大断裂,简述如下。①小腮-花梨断层:该断层从东部中坪进入本区,经花梨、翁昭至双流镇南西面出图,区域内延长大于125km,在研究区长度约60km。断层面倾向北或北西,倾角60°~70°,地层断距在区域上为200~1800m;在研究区主要表现为平移性质,地层断距较小,为0~200m。接触带常见破碎角砾岩和糜棱状碎粒岩,宽度大者达150m。断层主要表现为南盘上冲、北盘下降,具逆冲性质,为压扭性左行平移走滑深大断裂。该断层两侧的北东向逆冲断层均受其限阻,两侧的褶皱亦受其干扰和破坏。②龙水断层:为两条基本平行、呈东西向延伸的逆冲断层,延长大于15km,倾向南,倾角40°~75°,地层断距小于1000m。

(3)北西向小断层:分布于研究区南缘,多为平移断层,仅对局部地层有错移现象。

二、矿床地质特征

(一)矿体分布及厚度特征

1. 永温磷矿床

永温磷矿床地处贵州省开阳县双流镇境内,距开阳县城平距约10km,位于洋水背斜北段东翼与高水-冯三向斜西翼接合部。

下震旦统陡山沱组为区内含磷层位,是研究区的成矿地质体。厚8.66~40.44m,平均厚29.53m。由北西往南东有逐渐变厚趋势。上部为深灰色、浅灰色中至厚层细晶白云岩、角砾状白云岩夹灰色、乳白色白云质团块硅质岩及少量黏土岩,为磷块岩的直接顶板;中部为灰色、深灰色、灰白色条带状、致密块状、碎屑状磷块岩;下部为灰绿色、蓝绿色中厚层细至中粒含砾砂岩及海绿石砂岩；顶部见一层厚 0～3.29m 的肉红色白云岩及砾岩，砂岩、肉红色白云岩及砾岩中 P_2O_5 含量为 0.43%～9.82%。其中下部含泥质成分增多，并含较多星点状自形晶黄铁矿颗粒。厚 3.21～22.12m。含矿层上覆地层为上震旦统灯影组（Z_2dy）白云岩，厚度为 189.47～271.65m；下伏地层为南华系南沱组（Nh_2n）紫红色、灰绿色粉砂质黏土岩、含砾砂岩，厚度大于 72.67m（图 3-3），陡山沱组含磷岩系岩性柱状对比见图 3-4。

地层代号	层号	厚度(m)	柱状图 1:200	岩 性 描 述
Z_2dy	10	189.47~271.56		浅灰色中层细晶白云岩
	9	0~0.46		深灰色硅质岩，夹灰绿色凝灰质黏土岩
	8	0.07~4.99		浅灰色中-厚层细晶白云岩，偶夹灰绿色黏土岩
	7	1.68~18.37		浅灰色同生角砾状白云岩，角砾呈灰白色，棱角状-次棱角状，大小 5~35mm。底部为浅灰色细晶白云岩
Z_1d	6	0.30~9.12		乳白、灰色含白云岩团块硅质岩，局部白云岩含量较高，偶见硅质岩呈鲕豆状
	5	0.22~10.31		上部为深灰、灰色薄—中层条带（条纹）状磷块岩，具波状、水平层理；下部为深灰、灰色薄层层纹状磷块岩，具波状、水平层理
	4	0.47~8.05		深灰、灰色中-厚层碎屑状磷块岩，由下至上碎屑粒径逐渐减小。上部为由砂屑磷灰石紧密堆积形成致密块状磷块岩；下部为白云石、泥质和硅质构成以基底式胶结形成的碎屑状磷块岩，碎屑粒级为砂屑和砾屑，砾屑呈竹叶状、次棱角状
	3	0~3.29		
		3.21~22.12		微红、灰、深灰色中层细晶白云岩，裂隙较发育，被砂质充填
Nh_2n	1	>72.67		灰绿色厚层海绿石砂岩，黄铁矿呈星散状分布
				紫红色薄层粉砂质黏土岩夹黏土岩，偶含灰绿色砂岩砾石，呈近椭球状

图 3-3 永温磷矿床含磷岩系柱状图

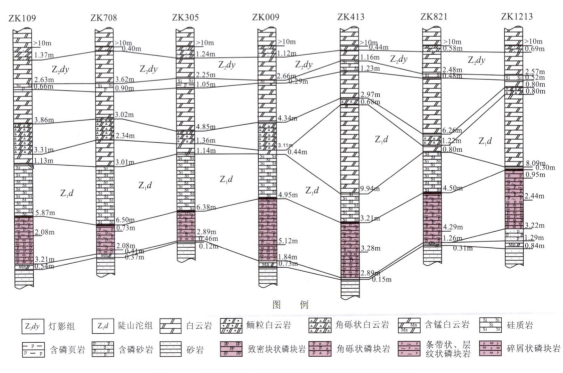

图 3-4 震旦纪陡山沱组含磷岩系岩性柱状对比图

磷矿呈层状赋存于下震旦统陡山沱组中下部。矿层产状与围岩产状一致,走向北西—南东,区内延伸长约4km,两端延伸出图;倾向北东至北东东,倾角为8°～20°,平均为14°左右,倾斜方向延伸约2.23km。矿层厚1.12～11.95m,平均厚4.52m,厚度变化系数为56.97%,属厚度变化较稳定型;单工程P_2O_5含量为17.65%～35.09%,厚度加权平均值为30.96%,变化系数为10.86%,有用组分分布均匀;单工程酸不溶物含量为3.31%～18.24%,厚度加权平均值为5.16%,变化系数为44.08%。控制标高最低为-426.86m(ZK708),最高为146.63m(ZK1002),埋深最浅为845m(ZK802),最深为1468.97m(ZK317)。属沉积型磷块岩矿床。成岩后磷矿层受构造运动的影响及断层的错切局部地段重复和增厚。区内被北东—南西向的F_1隐伏断层分割为上盘矿和下盘矿两个矿体(表3-2,图3-5)。

表3-2 永温磷矿床矿体特征表

矿体名称	延展规模(m)		厚度			P_2O_5含量(%)		
	沿走向	沿倾向	极值(m)	平均(m)	变化系数(%)	极值	平均	变化系数
上盘矿	4000	1500	1.83～11.95	5.42	46.15	20.20～33.59	30.68	11.65
下盘矿	4000	1700	1.12～11.44	3.87	36.25	17.65～35.09	31.24	10.18

矿体名称	酸不溶物含量(%)			产状		工程控制埋深(m)
	极值	平均	变化系数	倾向	倾角	
上盘矿	3.31～17.00	6.13	46.00	北东东—南东	8°～19°	1008.84～1468.97
下盘矿	3.34～18.24	5.83	42.61	北东东	8°～20°	850.53～1408.66

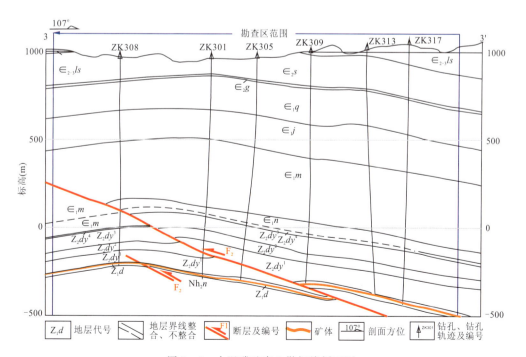

图3-5 永温磷矿床3勘探线剖面图

上盘矿分布于 F_1 断层上盘,由 35 个(含收集钻孔 6 个)钻孔控制,各孔均见矿,走向延伸长 4km,倾向延伸 1.5km,面积约 3.88km²。矿区南部倾向北东东,倾角一般为 8°~15°,平均为 14°;矿区北部倾向南东,倾角为 10°~19°,平均为 14°。矿体工程控制最低标高位于矿体中东部的 ZK317,标高为 -426.74m,最高标高位于矿体南部的 ZK1207,标高为 29.70m;埋深最浅为 1008.84m(ZK1207),最深为 1468.97m(ZK317)。

矿体单工程厚度为 1.83~11.95m,算术平均厚度为 5.42m,厚度变化系数为 46.15%,属厚度变化较稳定型,总体南东厚北西薄。单工程 P_2O_5 含量为 20.20%~33.59%,加权平均值 30.68%,品位变化系数为 11.65%,主要有用组分分布均匀,总体南东高北西低。

该矿体查明磷矿资源量(331+332+333)5419×10⁴t,其中资源量(331)633×10⁴t,资源量(332)1956×10⁴t,资源量(333)2830×10⁴t。单矿体达大型矿床规模。

下盘矿分布于 F_1 断层下盘,由 46 个(含收集钻孔 7 个)钻孔控制,除 ZK001 和 ZK005 因小断层致使矿体缺失外,其余钻孔均见矿。矿体走向延伸长 4km,倾向延伸 1.7km,面积 3.77km²。矿体在 F_2 附近重复,重复面积约 0.07km²。矿体总体倾向北东东,倾角为 8°~20°,平均为 14°。矿体工程控制最低标高位于矿体北西部的 ZK708,标高为 -426.86m,最高标高位于矿体西南部的 ZK1002,标高为 146.63m;埋深最浅为 850.53m(ZK802),最深为 1408.66m(ZK708)。

矿体单工程厚度为 1.12~11.44m,平均为 3.87m,厚度变化系数为 42.18%,属厚度变化较稳定型,总体南东高北西低。单工程 P_2O_5 含量为 17.65%~35.09%,加权平均含量为 31.24%,变化系数为 10.18%,主要有用组分分布均匀,总体中北部低,南部和北部较高。

该矿体查明磷矿资源量(331+332+333)5011×10⁴t,其中资源量(331)1100×10⁴t;资源量(332)1187×10⁴t,资源量(333)2724×10⁴t,单矿体达大型矿床规模。

总体上永温磷矿位于洋水背斜东翼,现已控制矿体倾向延伸大于 3km,走向延伸大于 6km,矿体西面与开阳磷矿相连,其北、东、南三面边界均未控制;矿体产状与地层产状一致,近东倾,倾角为 1°~20°。矿体在走向上,从北至南其磷矿体厚度总体逐渐增大(图 3-6);倾向上从西向东,矿体厚度逐渐增厚(图 3-7)。

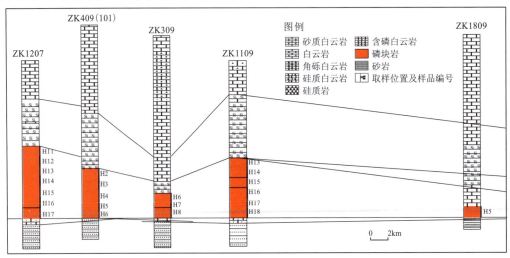

图 3-6 永温勘查区 B 矿体走向对比图

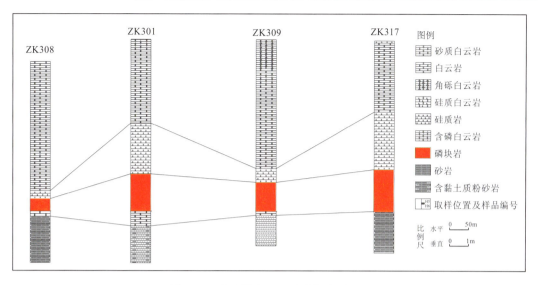

图 3-7　永温勘查区 B 矿体倾向对比图

2. 新寨磷矿床

新寨磷矿床地处贵州省开阳县龙水乡境内,乡(镇)公路及矿山公路分布于勘查区,距开阳县城平距约 28km,位于龙水断裂构造带以南。

矿床中的磷矿层为陡山沱组含磷岩系中 b 矿层,含磷岩系厚度变化较大,一般为 14.78~46.15m,平均厚 31.74m,走向上由西向东有逐渐变厚趋势;倾向上新场向斜近轴部厚,沿向斜两翼逐渐变薄(图 3-8)。经钻探工程控制的磷矿体 4 个,产出标高为 77~327m。

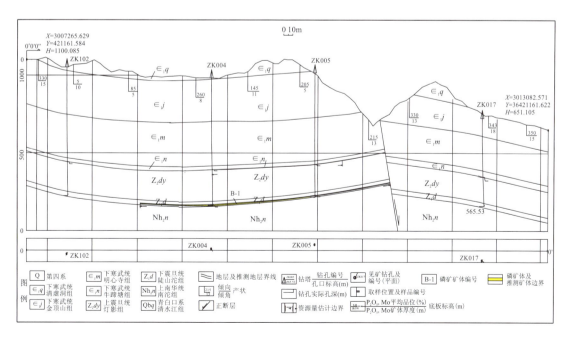

图 3-8　新寨勘查区 0 勘探线剖面图

根据剖面上的赋存部位,自下而上编号为B-1、B-2、B-3、B-4。B-1为最主要矿体,B-2、B-3均为单工程控制矿体。其B矿层走向和倾向对比见图3-9、图3-10所示。

B-1矿体:呈层状分布于龙水背斜南翼上震旦统陡山沱组中部,矿体倾向延深长约6km,走向延伸宽约3km。其北、东、南三面以断层为边界,北西部被一近南北向断层分割为北西和南东两个矿块。北西矿块矿层走向北东,倾向北西,倾角为8°～15°;南东矿块矿层走向北东东,倾向南南东,倾角北陡南缓,北部平均倾角为10°左右,南部平均倾角为6°左右。矿层厚1.20～6.19m,平均厚3.85m。P_2O_5含量为21.13%～28.32%,平均为24.47%。由ZK004、ZK005、ZK701、ZK708、ZK709、ZK1504共6个钻孔控制。矿体厚度变化系数为49.67%,稳定程度属于较稳定矿体;品位变化系数为11.22%,属于稳定型。

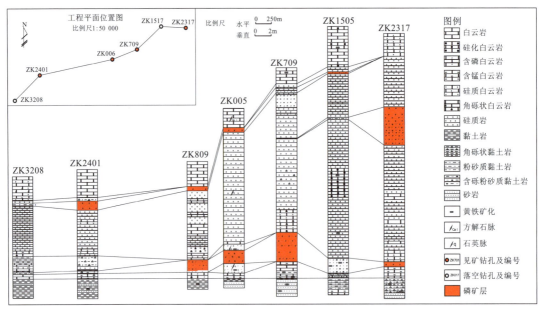

图3-9 新寨勘查区B矿层走向柱状对比图

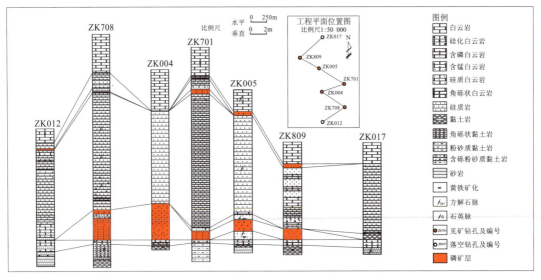

图3-10 新寨勘查区B矿体倾向柱状对比图

B-2矿体：分布于龙水背斜南翼上震旦统陡山沱组中部。由ZK809、ZK817共2个钻孔控制。矿层厚1.04～2.33m，平均厚1.69m。P_2O_5含量为22.05%～27.58%，平均品位为24.82%。

B-3矿体：呈层状分布于龙水背斜南冀新寨勘查区北东部，上震旦统陡山沱组中上部。由ZK2317单工程控制，矿体走向北东，延伸长1.8km，倾向北西，延深宽约1.8km。平均倾角为10°左右。矿体厚7.14m，P_2O_5含量为14.82%～35.97%，平均为30.92%。

B-4矿体：呈层状分布于新寨勘查区中西部，上震旦统陡山沱组中上部。由ZK2401单工程控制，矿体走向北东，延伸长1.8km，倾向北西，延伸宽约1.8km。平均倾角为12°左右。矿体厚1.72m，P_2O_5含量为32.98%～33.06%，平均为33.02%。

（二）矿石结构和构造

1. 矿石结构

矿石结构以砂屑（球粒）结构为主，其次为凝胶—碎屑结构、凝胶结构和内碎屑结构。

砂屑结构：由胶磷矿、白云石胶结砂屑而成，砂屑成分主要为胶状胶磷矿，多呈圆形、椭圆形、长条形等，大小在0.1～0.5mm之间。

凝胶结构：由非晶质胶磷矿微粒和硅铝质含磷微粒黏结形成。微粒大小相对均一，主要见于致密状磷块岩中，含藻丝体。

球粒结构：胶状胶磷矿微粒黏结形成直径为0.02～0.16cm的椭球状颗粒，颗粒外壳部分发生环带状、放射状隐晶质化等后期变化。

内碎屑结构：由机械破碎型磷块岩碎屑再沉积形成内碎屑，碎屑呈半棱角—棱角状，直径一般为1～5cm。

2. 矿石构造

区内磷矿矿石构造有致密块状构造、竹叶状构造、条带状构造、角砾状构造等。

致密块状构造：由凝胶结构的低碳氟磷灰石紧密堆积而成，或由颗粒支撑的碎屑结构的低碳氟磷灰石紧密堆积而成，呈块状产出（图3-11A）。

竹叶状构造：由椭圆形、长条形胶磷矿砾屑经非晶质胶磷矿微粒胶结而成，砾屑长轴长5～10mm，短轴长2～5mm，砾屑具有一定的定向性，因其垂直截面形似竹叶而得名（图3-11B）。

角砾状构造：角砾成分有凝块岩、硅质凝块岩、白云岩等，角砾大小不一，磨圆较差，呈棱角状，砾径2～15mm不等，胶结物主要为非晶质胶磷矿微粒，少量白云石、硅质（图3-11C）。

条带状构造：光性非均质、隐晶质低碳氟磷灰石颗粒与黏土矿物、碳酸盐硅质矿物相间排列或由磷酸盐岩与含磷的黏土矿物相间排列组成，磷酸盐条带宽窄疏密不一（图3-11D）。

（三）矿物组成

矿石矿物为单一的碳氟磷灰石；脉石矿物主要为白云石，其次为石英、水云母、碳质和黄铁矿等。开阳磷矿磷块岩主要矿石矿物为碳氟磷灰石（表3-3），其成分较复杂，是一种含碳酸-氢氧-氟的磷酸盐矿物，电镜下为隐晶质细小分散的混合物。薄片下呈无色或很浅的绿色，但混入较多杂质（有机质、黏土矿物、黄铁矿等），颜色变深，可以呈半透明至不透明。碳氟磷灰石在磷块岩中一般以内碎屑颗粒、环边胶结物、粒间泥晶胶结物、生物颗粒或纹层的形式赋存。白云石和石英是磷矿石内重要的伴生矿物，白云石往往以条纹、条带或内碎屑颗粒间的胶结物形式产出，石英颗粒主要以陆源碎屑颗粒赋存于磷块岩中，此外玉髓质胶结物或硅质交代也较

图 3-11 开阳地区磷矿石照片

A.致密块状磷块岩(永温 ZK10006 钻孔);B.竹叶状磷块岩(永温 ZK1207 钻孔);
C.角砾状磷块岩(新寨 ZK709 钻孔);D.条带状磷块岩(永温 ZK1207 钻孔)

为常见。黏土矿物和重金属矿物往往含量较低,但也是开阳磷矿磷块岩中的重要伴生矿物。

表 3-3 开阳地区不同类型磷块岩 X-RD 分析数据表(单位:%)

样品编号	采样地区	羟基磷灰石	石英	白云石	伊利石	方解石	长石
14MLP-5	洋水矿区	96.51	3.5	—	—	—	—
14MLP-8	洋水矿区	89.5	7.32	1.69	1.49	—	—
ZK1207-2	永温矿区	83.71	6.81	9.47	—	—	—
ZK1207-3	永温矿区	64.13	13.34	22.54	—	—	—
ZK1207-4	永温矿区	93.69	5.86	0.44	—	—	—
ZK1207-5	永温矿区	71.91	6.24	21.86	—	—	—
14SBT-11	洋水矿区	64.01	1.31	34.67	—	—	—
14YSB-11	洋水矿区	96.73	3.27	—	—	—	—
14YSB-6	洋水矿区	93.47	3.81	2.72	—	—	—

(四)矿石化学成分

矿石化学成分见附表1、附表2。由表可见磷块岩中主要化学成分为 P_2O_5 和 CaO。P_2O_5 含量约占 23.21%～34.00%，CaO 含量一般为 39.45%～50.99%，两者共占矿物化学组分含量的 67.75%～85.8%。其次为 Al_2O_3、Fe_2O_3、SiO_2、MgO、K_2O、Na_2O、F 和少量的 Cl、Cd、As、I。除主要有用矿物成分 P_2O_5 外，其他均无综合利用价值。

矿石中除主要有用矿物 P_2O_5 外，永温勘查区磷矿石 F 含量为 2.43%～3.21%（附表1）；新寨勘查区内 F 含量为 1.82%～2.95%，I 含量为 0.0041%～0.0124%（附表2、附表3）。达到磷矿综合回收利用要求。

三、磷块类型及成因

(一)矿石类型

1.矿石结构类型

开阳地区存在多种类型的磷块岩矿石，其中以碎屑结构磷矿石发育最为普遍，包含砾屑磷块岩、砂屑磷块岩、粉屑磷块岩，此外鲕豆粒磷块岩、泥晶质磷块岩、陆屑-磷质胶结磷块岩在开阳地区均有产出，受暴露、淋滤作用影响，土状、半土状磷块岩同样存在广泛发育，受水流破碎和成岩作用影响，开阳地区原生生物结构磷块岩分布较少见。

1)砾屑磷块岩

砾屑磷块岩由含量大于 50% 的磷质砾屑组成，砾屑直径大于 2mm，典型砾屑磷块岩的磷质砾屑大小多为 1～5cm；砾屑平面为扁平的饼粒，纵切面为竹叶状；砾屑有不同的磨圆度，从菱角状到半浑圆状，部分砾屑可见相互挤嵌、塑性变形等现象，说明它们是在尚未完全固结石化之前就受到冲刷破碎堆积胶结而成的；砾屑受水流搬运的影响，有时呈叠瓦状排列。砾屑磷块岩一般出现在滨岸带或水下高地附近，是浅滩、潮道等高能环境下的沉积标志，在开阳地区广泛发育。

2)砂屑磷块岩

砂屑磷块岩磷质砂屑的大小为 0.1～2mm，较多的是 0.1～0.2mm，在矿石中含量为 50%～90%；砂屑为菱角状、半菱角状至浑圆状，主要是由泥晶磷块岩、隐粒泥晶磷块岩破碎颗粒组成，也见各种颗粒磷块岩和生物磷块岩的砂屑。矿石的胶结物有磷质、碳酸盐质、硅质和泥质 4 种，前 3 种分布广泛，且一般当胶结物为磷质时，砂屑的分选、磨圆较差，而当胶结物为碳酸盐质或硅质时，砂屑的分选性和磨圆性明显变好。砂屑磷块岩的成因一般为原生磷块岩未固结或弱固结前反复冲刷、破碎和再堆积形成，类似于碳酸盐岩内碎屑成因，砂屑颗粒在成岩过程中一般会受到亮晶显微状磷灰石包壳的再次胶结，最终形成高品位磷矿石，此种类型的磷矿石同样也是开阳地区最主要的磷块岩类型。

3)粉屑磷块岩

粉屑磷块岩与砂屑磷块岩有很多相似之处，磷质粉屑的粒度为 0.1～0.01mm，多由泥晶磷块岩或隐球粒磷块岩破碎产生，除了粒度较细以外，粉屑磷块岩中泥质沉积物较多，胶结物以泥晶结构的磷酸盐和泥质混杂物为常见，硅质、磷质胶结物的矿石也不少见。本类矿石同砂屑磷块岩相似，砂屑颗粒同样受水流冲刷、破碎而成，但水动力条件相对较弱，一般产出于水体较深的中一低能环境中。粉屑磷块岩仅在开阳新寨地区发育较普遍，在其他地区分布较局限。

4）鲕粒、豆粒磷块岩

组成矿石的磷质鲕粒呈卵圆形或圆形，大小与团粒相仿，均具有典型的同心圈层构造。鲕粒的核心可以是各种磷块岩破碎后形成的碎屑颗粒，也可以是一个生物屑或富有机质软泥，还可以是破碎了的磷质鲕粒；磷质鲕粒的核心既可以是磷质的，也可以是非磷质的；鲕粒的同心圈层常常是隐晶质或非晶质的磷质壳层相互包叠，有时则可以是磷质与碳酸盐质或硅质泥质的圈层相间叠覆。磷质豆粒一般直径大于2mm，同鲕粒相似的也有磷酸盐的同心圈层；豆粒的核心可以是砂质磷块岩的碎屑或者是破碎了的鲕粒，也可以是隐晶质的磷灰石集合体。鲕粒、豆粒磷块岩多形成于潮下高能浅滩搅动的水体环境下。鲕粒磷块岩需要较高能的水环境，基质主要为白云石颗粒，在开阳永温、新寨勘查区均有一定分布。

5）泥晶结构磷块岩

泥晶结构磷块岩主要为泥晶磷块岩，矿石呈灰色至深灰色，致密、均匀、坚硬，外表像泥岩、泥灰岩或燧石岩，由隐晶质或微晶质的碳氟磷灰石组成，但常常有泥质、碳酸盐质和有机（碳）质，由于磷灰石晶粒很细，普通偏光显微镜下很难观察到矿物的光性显示，质地较纯的矿石表面常见细的干缩裂纹；反之，当含泥质和有机质较多时，表面呈很不清晰的云雾状，有些矿石发现藻丝体、细菌或其他生物遗迹。在开阳、瓮安地区此种磷矿石类型比较少见，一般分布于潮下低能带或台地边缘过渡相或盆地深水相，一般很难出现单独大型矿床。

6）叠层石磷块岩

开阳地区叠层石一般呈弯状或锥状，单个叠层石柱体往往规模较小，一般长度小于10cm，叠层石柱体质地较纯，几乎全部由磷酸盐组成，柱体之间被磷质砂屑颗粒充填，砂屑形态特征与开阳地区砂屑磷块岩相似，砂屑颗粒之间往往被由白云石胶结，推测为叠层石生长后受水流破碎，形成碎屑颗粒充填于柱体之间。

7）陆屑-胶结结构磷块岩

矿石中有大量陆源碎屑，包括石英、长石、燧石和各种岩屑，陆源碎屑颗粒有一定的分选、磨圆。磷灰石在其中主要以泥晶磷酸盐作为陆源碎屑胶结物的形式产出，其次还有作为磷质内碎屑、磷质鲕粒或豆粒产出，但比较少见。由于陡山沱期扬子地台鲜有陆地暴露，此种结构的磷块岩分布较为少见，一般形成于滨岸带的浅滩环境，仅在开阳永温矿区ZK1505钻孔中可见。由于在成磷过程中陆源碎屑的不断稀释，此种结构的磷块岩品位一般较低。

8）土状、半土状磷块岩

土状、半土状磷块岩胶结程度极差，为风化、淋滤、交代作用的综合产物。可以为上覆地层的磷块岩经长期风化、淋滤迁移到周边地层的低洼侵蚀面、溶洞之中，也可是海平面下降原地暴露而成，因此受改造后的土状、半土状磷块岩其原始形态结构受较大破坏，但由于无用元素的流失，往往有极高的含磷品位，在开阳地区有广泛发育。

2. 胶结物结构类型

开阳地区碎屑状磷块岩中的胶结物主要以碳酸盐质胶结物、磷质胶结物为主，磷质与碳酸盐质混合胶结物也较为常见，硅质胶结物和泥质胶结物发育较少。

1）碳酸盐质胶结物

主要可分为原生沉积的白云质亮晶胶结物、白云质泥晶胶结物和重结晶的中一粗晶白云石胶结物。亮晶白云岩晶体结构较好，晶体明亮，常见细晶（0.05～0.25mm）和中晶（0.25～0.5mm），往往充填于砂屑颗粒之间，形成孔隙式胶结；泥晶白云石晶体颗粒较小，呈他形，晶体光泽较暗,往往呈基底式胶结磷质颗粒;中—粗晶白云石(>0.25mm)紧密镶嵌于粒间孔隙,有些则表现为嵌含结构,将磷质颗粒嵌含其中,为白云石胶结物重结晶的产物。

2)磷质胶结物

磷质胶结物主要分为磷质等厚环边胶结物与磷泥晶胶结物两种类型。磷质等厚环边胶结物呈纤状晶体围绕磷质颗粒生长,纤晶干净明亮,磷灰石晶体呈长柱状垂直颗粒外壁,纤晶常为多层,为多期次胶结的产物,单层厚度比较均匀,是孔隙水中的磷以纤状亮晶形式沉淀而成,为活跃的海水潜流环境的代表性结构,开阳地区几乎所有的砂屑颗粒均存在此种胶结物类型。磷泥晶胶结物由超微柱状磷灰石集合体组成,其结构成分与磷质砂屑颗粒类似,磷泥晶呈基底式或孔隙式胶结于磷质碎屑颗粒之间,往往与磷质等厚环边胶结物混合胶结,磷灰石纤状亮晶围绕颗粒外缘生长,但并未长满全部孔隙,剩余孔隙又被后来的磷灰石泥晶充填,从而形成纤状环边叠加泥晶孔隙充填的联合结构形式,为开阳地区最为常见的高品位磷块岩类型,是多期次磷质胶结作用的产物,显微状亮晶生长时为海水潜流环境,泥晶磷灰石充填时表明胶结环境改变(如上升到海水渗流带),从而导致胶结结构的变化。

3)硅质胶结物

开阳地区硅质胶结物分布较局限,一般为亮晶—粗晶石英重结晶胶结,原生微晶石英胶结较少见。重结晶的石英晶体颗粒一般较大(大于0.05mm,可达0.5mm),晶体洁净明亮,结晶程度较好,主要呈粒柱状,向孔隙中心晶粒逐渐增大,经进一步成岩作用,中—粗粒晶体镶嵌于磷质颗粒的孔隙中,石英胶结物常出现交代磷质颗粒的现象,此种胶结物类型一般为成岩过程中石英重结晶或交代碳酸盐矿物形成的或矿石暴露、溶蚀再充填作用形成的。

4)混合胶结物

开阳地区磷块岩中混合胶结物一般为磷质和白云石共同胶结,可分多世代、多期次胶结,第一世代胶结物为磷质纤状环边胶结物,第二世代为白云石或磷泥晶胶结物,伴随海平面变化胶结环境也不断变化,孔隙水中磷酸盐、碳酸盐含量不断变化,颗粒间白云石、磷泥晶多期次胶结,形成多期次混合胶结物类型。

(二)成矿地质作用及成因分析

1. 成矿地质作用

贵州震旦纪—寒武纪初期磷矿床是地质历史时期大规模成磷事件的典型代表,黔中地区陡山沱期磷矿床成矿地质作用现在仍存在较大争议,特别是开阳地区高品位优质矿床成因的研究还尚不明确。国内众多学者对瓮安地区磷矿床研究认为,瓮安地区磷块岩的成因与海洋微生物的繁殖密不可分,气候渐暖以及海水氧分、磷质渐增为微生物的聚集提供了适宜的生长环境和丰富的营养物质,而生物的聚集进一步增加了海水磷酸盐浓度,这样微生物的繁盛与海水中的磷质含量形成正反馈,导致了瓮安地区磷矿床的沉积成矿。但是对于开阳地区成矿作用尚没有明确研究,本次研究对开阳磷矿首次提出三阶段成矿作用,即初始成磷作用、簸选成矿作用和淋滤成矿作用,三阶段成矿作用使磷质在沉积成岩阶段多阶段、多期次富集,最终形成品位极高的沉积型磷矿床。

1)初始成磷作用

黔中地区成矿物质来源问题仍存在较大争议,主要存在陆源输入来源、上升洋流来源和热液来源三种观点。但无论哪种来源,黔中地区陡山沱期成磷事件与生物作用密不可分,国内外众多学者认为生物作用直接参与瓮福地区磷矿床的成矿，瓮福地区磷矿石类型主要以团球粒磷块岩、藻磷块岩及生物球粒磷块岩为主，团球粒磷块岩一般认为是微生物黏结聚集磷酸盐经过滚动、磨蚀而成，而藻磷块岩和生物球粒磷中生物化石明显，为典型的生物成因磷块岩。与瓮福地区相比，开阳地区磷矿石生物作用痕迹不明显，磷矿石类型以机械破碎的砂屑磷块岩为主，偏光显微镜、扫描电镜下均未发现生物富集成矿证据，仅在少数地区个别层位发现有叠层石磷块岩，并不能代表整个开阳地区的矿石类型。由于开阳地区原始沉积的磷矿的结构构造保存受到破坏，生物与成磷的关系尚需进一步探讨，但是在整个成磷事件中，生命活动大大促进了海水磷质聚集，为磷灰石沉积提供了有利的物质条件。冰期后海水、大气氧含量增加，气候变暖，上升洋流携带底部富磷海水上涌至浅水透光层，为生命活动提供物质来源，使黔中古陆周边海水藻类生物迅速繁殖，而生物降解、释放磷质进一步增加了海水磷酸盐浓度，这样微生物的繁盛与海水中的磷质含量形成正反馈，使黔中古陆周缘浅水地区磷酸盐浓度急剧上升，最终形成磷灰石沉积。开阳地区陡山沱期生命活动为浅部海水磷质聚集提供了先决条件，对磷矿床的大规模成矿有积极的影响。

2）簸选作用成矿

碎屑状磷块岩是开阳地区最为普遍的一种磷块岩类型，由于开阳地区陡山沱期为无障壁海岸结构沉积环境，且海平面变化频繁，浅水滨岸带水动力较强，甚至在短时期内露于水平面之上，使得正在沉积的各类磷块岩，在没有完全固结、硬化之前，即遭受到岸流、波浪、底流或潮汐作用的剥蚀、冲刷和簸选，成为大小不等的角砾碎屑，然后在盆地内，就地或者经短距离搬运而堆积下来，而沉积物中硅泥质等微、细粒成分受水流冲刷、搬运流失。在整个磷酸盐碎屑的形成过程中，这种冲刷破碎、堆积胶结作用，可以反复多次，形成磷质的机械作用筛选富集。

根据碎屑颗粒的大小分为砾屑、砂屑和粉屑，其中开阳地区以砂、砾级的大小最为常见。磷块岩的内碎屑多种多样，随其形成的地质作用过程和环境的不同而异，通常有棱角状、次棱角状、饼砾状、片状、竹叶状、浑圆状和半浑圆状等。磷块岩内碎屑的时空分布规律，反映成矿地区水动力条件的差异和变化特点，其中靠近古陆边缘的白泥坝勘查区与翁昭勘查区磷块岩内碎屑以砾屑和粗砂屑为主，随离岸距离及水体深度的增加，矿层厚度逐渐变厚，其中洋水—永温—冯三一线主要以中细砂屑为主。此外，泥裂成因的磷块岩也是开阳地区磷块岩的重要矿石类型，其碎屑颗粒呈紧密排列的菱角状，菱角间相互契合，颗粒几乎无位移，外部几乎没有经过任何的磨蚀作用，显然这是由半固结的磷块岩在其遭受暴露作用、脱水缩聚、水流破碎和原地堆积的结果。

3）淋滤作用成矿

陡山沱期开阳地区处于陆缘浅海海岸，海平面升降频繁，磷矿床受暴露、风化及淋滤作用影响较大。开阳地区磷块岩中主要矿物成分为低碳氟磷灰石，主要副矿物为白云石，此外含少量石英、云母、黏土矿物等。由于开阳地区磷矿床均遭受了暴露、风化及淋滤作用，后期成岩作用改造强烈，其原始胶磷矿沉积的结构构造很难保存，但可参考邻区的瓮安磷矿床原始沉积结构和构造信息。开阳地区沉积期矿石类型为含碳酸盐岩类磷块岩，主要为白云石，少量方解石，其中影响矿石品位的主要矿物普遍为碳酸盐类矿物，矿石中含少量硅酸盐矿物。三大盐类在靠近地表的风化带发生淋滤、水解，溶解能力依次为：碳酸盐＜磷酸盐＜硅酸盐，碳酸盐矿物溶解能力最强，淋滤反应将首先进行，并将抑制与磷酸盐矿物、硅酸盐矿物的反应。在风化及水体渗溶的作用下，碳酸盐类矿物被溶解而流失，CO_2、MgO、CaO 等有所减少，P_2O_5、Al_2O_3、

SiO_2、F及酸不溶物有所增加,留下难溶的磷酸盐、硅质及泥质物,使矿石中的磷含量得以进一步富集。

开阳地区磷矿层内风化、淋滤作用特征明显,矿石溶蚀孔洞普遍发育,常见不整合侵蚀面,且部分层位可见土状疏松结构,但次生铁铝磷酸盐矿物几乎没有分布,为成熟风化、淋滤阶段的磷矿石产物。受风化、淋滤作用影响的磷块岩碳酸盐矿物逐渐流失,磷酸盐矿物得以保留、聚集,形成高品位磷矿石。

由于陡山沱期海平面变化频繁,暴露过后的矿层会重新被富磷海水淹没,受风化、淋滤作用影响的磷矿石又一次遭受海流、波浪的冲刷破坏,使磷矿石再次筛选富集,当富磷海水继续进行磷质沉积时,原本已形成较高品位的磷矿石继续接受磷质胶结,矿层的品位、厚度都随之加大,形成开阳地区独特的优质磷块岩类型。但当海水磷质输入不足时,会形成白云质、硅质沉积物,磷质颗粒会再次受白云石质或硅质胶结,溶蚀孔洞中也会重新充填自生白云石、石英颗粒,导致矿石品位有所降低。

综上所述,开阳地区磷成矿作用复杂,矿石受到多期次的暴露、淋滤、簸选冲刷及再胶结、再沉积作用,最终形成了致密状、条带状、层纹状等多种类型的矿石结构。

2. 矿床成因分析

磷矿床的成矿物质来源与全球气候变化有关。新元古代几次大冰期事件促使大量陆源风化磷质输入海洋,且大规模的板块构造运动也使热液活动为深海提供了一定的磷质,冰期时海水处在封闭还原状态,磷质很难沉积,大洋磷循环处在停滞状态,深海不断聚集活性磷。陡山沱期开始,冰川消融,上升洋流作用携带磷质等养分进入浅水地台,为生命活动提供物质来源,使黔中古陆周边海水藻类生物迅速繁殖,而生物降解、释放磷质进一步增加了海水磷酸盐浓度,这样微生物的繁盛与海水中的磷质含量形成正反馈,使黔中古陆周缘浅水地区磷酸盐浓度急剧上升。同时,受黔中古陆的影响,其北缘的开阳地区为无障壁海岸,北部、北东部与广海相连,有来自深部富磷海水的源源不断输入和表层生物反馈作用,使浅部海水中磷质不断聚集。由于陡山沱期开阳地区受黔中古陆和海平面频繁进退的影响,通过沉淀—冲刷—暴露—风化、淋滤—再冲蚀—再胶结—再沉积(多次循环)作用(图3-12),即历经前述的三阶段成矿作用:初始成矿作用、簸选成矿作用和淋滤成矿作用,最终形成开阳地区量大质优的高品位磷矿床。

四、古地理特征及控矿作用

(一)古地理特征

陡山沱初期气候转暖、冰川融化,导致扬子地台出现大规模海侵(汪正江等,2011;杨爱华等,2015),海侵导致黔中古陆北缘海岸线不断南移,使开阳大部分地区淹没于海平面以下。开阳地区为黔中古陆北缘的开放海岸环境,水体深度自南至北逐渐加深(图3-13)。

1. 白泥坝—翁昭地区古地理特征

白泥坝—翁昭一线位于开阳矿区最南部(图3-13),紧邻黔中古陆北缘,海水极浅,受陆源碎屑输入影响较大,因此本区整个陡山沱组厚度较小,主要以陆源碎屑砂泥岩为主。白泥坝矿区陡山沱组以陆源碎屑砂岩-细砂岩为主,层内可见较多陆源碎屑,偶见磷质碎屑,是水流搬运富集磷矿层而来,自生磷灰石颗粒较为少见,层内矿石品位较低。翁昭地区南接黔中古陆,北部有一沙坝阻隔(图3-13),因此水动力环境相对较低,陡山沱组内岩石粒度较细,以砂泥

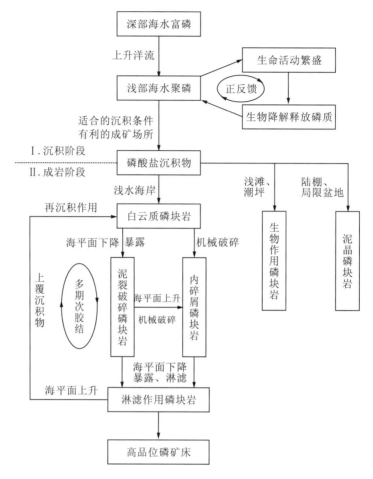

图 3-12 开阳地区磷矿床成矿过程图

岩为主,同样可见异地搬运的磷质碎屑颗粒。白泥坝—翁昭地区由于紧靠古陆,地势较高,受海平面不断升降影响,层内岩石受成岩作用影响较大,矿石品位较低,且矿层分布极不稳定。

2. 永温地区古地理特征

开阳永温地区位于黔中古陆北缘(图 3-13),南沱期处于海平面以上,未沉积冰碛砾岩层。冰期后扬子地台出现大规模海侵,黔中古陆面积逐渐缩减,海水绕过黔东北孤立台地自北东方向侵入而来,逐渐将温泉—开阳一线以北淹没,并演变为无障壁海岸沉积模式。永温到古陆的距离介于翁昭和新寨之间,故其水体深度和地层也介于二者之间。

陡山沱初期,气候变暖,冰川融化,风化速率较强,永温地区处近岸带沉积,海绿石砂岩层发育,砂粒分选、磨圆较好,粒度自下而上逐渐变细,且随水体进一步上升,出现含锰白云岩层沉积。随后海平面有频繁的升降,但总体仍为上升趋势,并伴随上升洋流携带深部富磷海水进入浅水海岸,在此基础上开始了陡山沱期第一次富磷沉积层序。永温地区磷矿层岩性以砂屑磷块岩为主,底部普遍发育砾屑磷块岩,砂屑颗粒常见一层或多层磷质包壳。砂屑磷块岩代表了浅水高能的水动力环境,一般在上临滨—下临滨利于成矿。陡山沱中期,海平面再次下降,地势较高的永温地区较新寨地区暴露时间更久,仅在潮水水位达到较高水平时被不定期淹没,

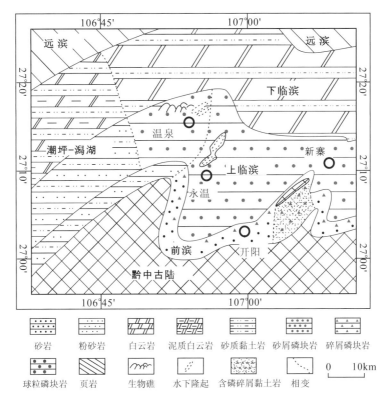

图 3-13 黔中地区陡山沱期岩相古地理特征

为高品位暴露淋滤型磷矿床的形成提供了条件。永温地区原先沉积的磷块岩在这一时期经受了暴露、淋滤作用,导致矿层孔洞发育,其原先沉积的磷矿层遭受暴露、淋滤作用,钙质、镁质等有害组分流失,磷质进一步聚集、保留。暴露期过后,陡山沱晚期海水再次入侵,底部富磷海水再次侵入,永温地区在已暴露、淋滤的砂屑磷块岩砂屑颗粒间再次进行磷质胶结,最终形成高品位优质磷块岩。随后再次海退,矿层再次遭受淋滤作用,灯影期后海侵规模继续扩大,开始进入台地碳酸盐岩沉积阶段。

3. 新寨地区古地理特征

新寨地区处于开阳东北部(图 3-13),与永温地区类似,南沱组处海平面以上,无冰碛砾岩层沉积。冰期后扬子地台出现大规模海侵,黔中古陆面积逐渐缩减,海水绕过黔东北孤立台地自北东方向侵入而来,逐渐将温泉—开阳一线以北淹没,并演变为无障壁海岸沉积模式。与永温地区相比,距离古陆较远,水体相对较深,地层厚度逐渐增加。

陡山沱初期,气候变暖,冰川融化,风化速率较强,新寨地区处于近岸带沉积,海绿石砂岩层发育,砂粒分选、磨圆较好,粒度自下而上逐渐变细,且随水体进一步上升,先后沉积砂质白云岩薄层和含锰质白云岩层。随后海平面有频繁的升降,但总体仍为上升趋势,并伴随上升洋流携带深部富磷海水进入浅水海岸,在此基础上开始了新寨地区陡山沱期 a 矿层沉积。本地区水动力条件时强时弱,海平面波动频繁但总体变化不大,海水环境转变次数较多,导致沉积的砂屑磷块岩主要为硅质胶结物,历经了多期次磷质沉积—破碎—胶结—再沉积过程。由于新寨勘查区地形复杂,地区内 a 矿层磷块岩类型多种多样,除常见的砂屑磷块岩外,鲕粒、豆粒磷块岩,藻纹层或叠层石磷块岩均有发育。陡山沱中期,海平面再次下降,新寨部分地区出现了白云质磷块岩、硅质白云岩及硅质岩沉积层序,岩层孔洞发育,溶蚀孔洞内有硅质、磷质或碳质充填,属古喀斯特现象,为明显的暴露特征标志。陡山沱晚期,海水再次入侵,底部富磷海水再次侵入,而本期磷质含量已不如早期,新寨地区在夹层硅质岩、硅质白云岩沉积基础上形成了碎屑状、凝块状磷块岩,磷质品位普遍不高。随后海侵规模继续扩大,大洋磷质达到循环平衡,灯影期开始进入台地碳酸盐岩沉积阶段。

(二)古地理控矿作用

陡山沱期古地理在南沱期的基础上进一步演化,开阳处于黔中古陆北缘,整体为浅滩环境,松林地区为浅海陆棚。初期海平面虽有频繁波动,但整体上升;中期海退,海平面下降,开阳部分地区暴露地表;晚期海平面再次上升,开阳地区的临滨相成为磷块岩沉积的优势区。

由以上成矿区的岩相古地理分析可知,贵州陡山沱期聚磷事件与黔中地区古地理环境及海平面升降密切相关。开阳地区无障壁磷质海岸环境为磷质的富集、沉积及成矿提供了有利的古地理条件。开阳地区陡山沱期地处黔中古陆北缘,北东连接扬子地台广海,新元古代全球性冰期使深部海水富磷,冰期后上升洋流携带富磷海水进入浅水透光层,并在生物作用的影响下浅水区域进一步富集磷质,为磷矿的沉积提供了丰富的成矿物质来源。陡山沱期频繁的海平面波动使磷矿石受到多期次的暴露、淋滤、冲刷及再胶结、再沉积作用,使磷矿床受后期进一步富矿作用影响,形成了厚度大、品位高的磷矿床。临滨带—浅海上部为受上升洋流携带磷质输入浅水聚集影响最大的区域,且此区域生命活动繁盛,表层海水的生物繁盛与底层海水磷酸盐浓度迅速形成正反馈,因此临滨带—浅海上部成为磷块岩沉积的优势区域。水体较浅的前滨相沉积岩性以陆源碎屑砂岩为主,磷质来源于水流搬运邻区的磷质碎屑,矿层沉积厚度小,品位低,分布不均一;在海水较深的远滨相难以形成连续的磷块岩沉积,虽然陡山沱组沉积厚度大,但是达到工业品位的磷矿层厚度较薄。局部的地形地貌变化对矿层的沉积有密切关系,特别是在岩溶不整合面基底上发育的含磷碎屑沉积物厚度受地形变化影响显著(毛铁等,2015),磷质碎屑受水流不断冲洗、分选进入地势较低的环境沉积,使矿层厚度较大,而地势较高的隆起区含磷沉积物遭受水流冲蚀,磷质碎屑流失,导致矿层厚度较小,造成同一矿区内小范围矿层厚度有较大变化。此外,海平面的不断波动对矿石品位有显著影响,陡山沱期古地理演化表明地势相对较高、遭受暴露淋滤作用的温泉、洋水、永温等地区,初期沉积的磷矿层受风化、淋滤作用影响品位显著提升,陡山沱晚期的海侵使得再次发育磷质沉积,这些地区在已形成矿层的基础上再次接受磷质胶结,厚度、品位进一步提升,虽然仅发育一层磷矿层,但是形成了开阳地区独特的高品位优质磷矿床。而地势较低的新寨地区暴露期仍有白云质夹层沉积,风化、淋滤作用影响较低,在两期成矿作用下独立形成 a、b 矿层,磷矿床厚度、品位远差于地势相对较高的临滨带洋水、永温等地区。

因此,开阳地区所处的临滨带受三阶段成矿作用,即初始成磷作用、簸选成矿作用和淋滤成矿作用影响最大,在这一沉积相区形成了量大质优的磷矿床沉积。

第二节 瓮安磷矿

一、地质背景

(一)地层

1. 研究区地层

研究区位于瓮安白岩背斜至福泉高坪背斜一带,出露最老地层为青白口系鹅家坳组,背斜两翼依次为上南华统南沱组,下震旦统陡山沱组,上震旦统灯影组,下寒武统牛蹄塘组、明心寺组、金顶山组、清虚洞组,中寒武统高台组、石冷水组,中上寒武统娄山关组。第四系呈角度不整合覆于各时代地层之上(图 3-14),地层划分对比(表 3-4)。

表 3-4 整装勘查地层划分对比沿革表

贵州区域地质志(扬子区)			本区(2013年)	1:5万瓮安幅(2000年)		1:20万瓮安幅(1970年)	
系	统	组					
寒武系	中上统	娄山关组	上段	娄山关组	娄山关组	第二段	娄山关组	第二段
			中段					
			下段			第一段		第一段
	中统	石冷水组		高台+石冷水组	石冷水组		石冷水组	
		高台组			高台组		高台组	
	下统	清虚洞组	上段	清虚洞组	清虚洞组	第二段	清虚洞组	第三段
			中段					第二段
			下段			第一段		第一段
		金顶山组	上段	金顶山组	金顶山组	第二段	金顶山组	
			中段			第一段		
		明心寺组	上段	明心寺组 第二段	明心寺组	第三段	明心寺组	
			中段			第二段		
			下段	第一段		第一段		
		牛蹄塘组		牛蹄塘组	牛蹄塘组		牛蹄塘组	
震旦系	上统	戈仲武组						
		灯影组	第二段	灯影组 第二段	灯影组	第二段	灯影组	灯影段
			第一段	第一段		第一段		
		洋水组		陡山沱组	洋水组		陡山沱段	
	下统	马路坪群		南沱组	南沱组		南沱组	第三段
								第二段
青白口系		板溪群						
		清水江组		鹅家坳组	鹅家坳组		清水江组	

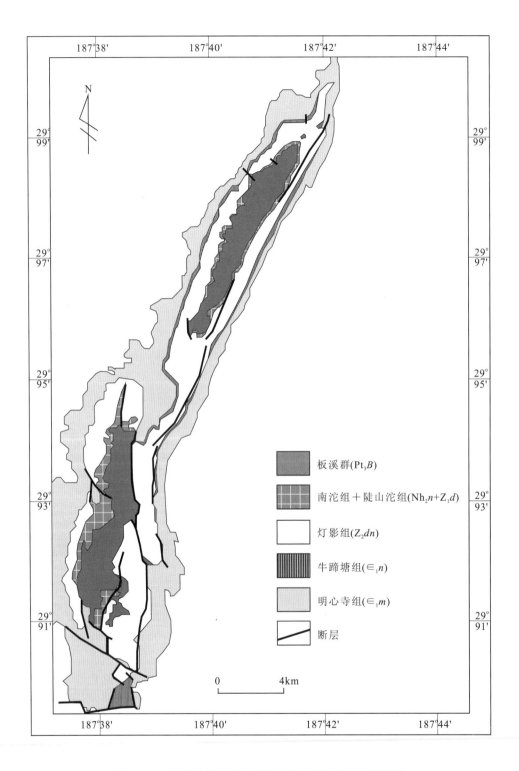

图 3-14 贵州省瓮安县白岩背斜磷矿整装勘查区地质图

现将各时代地层主要岩性特征由新至老叙述如下。

1）中上寒武统（ϵ_{2-3}）

娄山关组（$\epsilon_{2-3}ls$）：主要分布于白岩背斜北倾伏端研究区北西部关牛圈—巧维以及白岩背斜西翼研究区小坝断层（F_1）以东梭伍—前上一带。区内仅出露其下部地层，厚度大于500m。主要岩性为灰色、浅灰色厚层粉晶白云岩夹薄层粉晶白云岩，底部为2～3m厚的黄灰色中厚层粉砂岩。与下伏高台组、石冷水组整合接触。

2）中寒武统（ϵ_2）

高台组—石冷水组（$\epsilon_2g—s$）：在背斜北倾伏端研究区西部及白岩背斜西翼研究区内均广泛分布。上部为浅灰色、红灰色薄至中厚层白云岩；下部为浅灰色薄至中厚层白云岩夹薄层泥质白云岩。底部为5～15m厚的灰色薄层含钾白云质黏土岩。厚93～118m。与下伏地层清虚洞组整合接触。

3）下寒武统（ϵ_1）

区内下寒武统发育清虚洞组、金顶山组、明心寺组和牛蹄塘组。由新至老描述如下。

清虚洞组（ϵ_1q）：在背斜北倾伏端研究区及白岩背斜西翼研究区内均大面积分布。该层发育齐全，上部为灰色至深灰色厚层块状细—中晶灰岩、白云质灰岩，常发育泥质条带和白云质斑块，风化面突起呈豹皮状；中部为3～5m厚的黄灰色中厚层石英粉砂岩；下部为灰色厚层含泥质条带鲕粒灰岩；底部为灰色薄层泥灰岩夹钙质黏土岩。厚132.47～301.23m。与下伏地层金顶山组呈整合接触。

金顶山组（ϵ_1j）：大片分布于背斜北倾伏端研究区及白岩背斜西翼研究区。顶部为灰色薄层钙质粉砂岩夹钙质黏土岩，含大量灰岩透镜体；上部为灰色、深灰色薄至中厚层细砂岩、不等粒砂岩夹黏土岩、灰岩或灰岩透镜体，砂岩内发育水平层理、交错层理及透镜状层理，含大量云母碎片；中部为灰色厚层砂屑灰岩及灰褐色中厚层含铁锰质不等粒石英砂岩夹粉至细砂岩；下部为灰色薄层黏土岩夹粉砂岩；底部为灰色薄层黏土岩。厚101.26～294.23m。与下伏明心寺组整合接触。

明心寺组（ϵ_1m）：下部主要为碎屑岩；上部以碳酸盐岩为主。按岩石组合特征可分为两个岩性段。

第二段（ϵ_1m^2）主要分布于背斜北倾伏端研究区，其次是白岩背斜西翼研究区。该层在研究区内厚度变化较大，在北倾伏端该层平均厚度为116.15m；在背斜西翼，该层由北向南逐渐变薄，厚度最薄区域分布于大湾镍多金属矿业权内，厚度为4.93～24.14m。该层岩性为灰色中至厚层含泥质条带粉晶灰岩，含大量古杯生物。底部为灰色薄层泥质灰岩夹黏土岩，透镜状层理、波状层理及同生褶皱发育。厚4.93～137.88m。

第一段（ϵ_1m^1）在背斜北倾伏端研究区、白岩背斜西翼研究区、白岩背斜东翼研究区均有大面积分布。在背斜西翼，该层由北向南逐渐增厚。上部为灰色薄层钙质粉砂岩，顶部夹钙质黏土岩及透镜状泥灰岩，普遍含云母碎片，发育水平层理及缓波状层理；中部为灰色薄至中厚层钙质粉砂岩；下部为灰色薄层黏土岩夹泥质粉砂岩。厚189.22～352.56m。与下伏牛蹄塘组渐变过渡。

牛蹄塘组（ϵ_1n）：仅在背斜北倾伏端研究区和白岩背斜东翼研究区出露地表，在背斜西翼研究区全部隐伏于地下，岩性为黑色碳质页岩。底部为透镜状、似层状磷块岩，其上为黑色镍、钼、钒多金属层，与下伏震旦系呈假整合接触，接触面起伏不平，厚7.05～26.17m。

4)上震旦统（Z_2）

灯影组（Z_2dy）：主要由藻白云岩及条带状、团块状硅化白云岩、硅质岩组成。跟据岩石组合特征可分为 Z_2dy^1、Z_2dy^2 两个岩性段。与下伏陡山沱组呈整合接触。

第二段（Z_2dy^2）：出露于东翼研究区，北倾伏端研究区仅出露其上部地层，西翼研究区呈隐伏状产出。厚度较大区域分布在东翼研究区，厚度超过200m。顶部为浅灰色中至厚层含泥质粉晶白云岩，含磷质、硅质条带；上部为灰色、浅灰色中至厚层粉晶白云岩夹藻白云岩，藻白云岩具层纹状、葡萄状、皮壳状构造；中部为浅灰色厚层硅化粉晶白云岩，局部含硅质岩条带及团块；下部为浅灰色厚层含硅质条带粉晶白云岩，普遍具硅化现象，石英晶洞发育。厚 122.06～288.47m。

第一段（Z_2dy^1）：出露于东翼研究区和北倾伏端研究区，西翼研究区隐伏于地下。白岩背斜西翼，该层由南向北逐渐增厚，最小厚度分布于矿区太文—丝招一带，厚15.76m；背斜东翼，该层由南向北逐渐变薄，最大厚度分布于朝阳坡—马路槽一带，最大厚度为120.95m。上部为白色、乳白色厚层硅质岩，浅灰色厚层团块状硅化白云岩。硅质岩由霏细状硅质—石英构成，致密坚硬；团块状硅化白云岩具漩涡状、马尾状构造，局部含豆粒状、蠕虫状塑性砾屑。该层岩石组合比较稳定，可作为明显对比划分标志。厚3.51～23.89m。中部及下部为灰色、浅灰色厚层泥晶白云岩，含少量藻层纹及硅质岩团块或条带。厚15.76～120.95m。

5)下震旦统（Z_1）

陡山沱组（Z_1d）：东翼研究区部分地段有出露，其余呈隐伏状产出。为工业磷块岩赋存层位，厚17.36～120.95m。上部为黑色、灰黑色致密状白云质磷块岩、碳泥质砂屑磷块岩（b矿层）与灰色、黑灰色薄层条带状白云质磷块岩（a矿层）夹黑色含磷碳质泥岩和灰色含磷细晶白云岩（G）。下部为灰色、浅灰绿色薄至中厚层细—中粒含磷细砂岩夹浅灰色含磷粉晶白云岩，砂岩含不规则碳泥质条带及脉状、星散状黄铁矿。与下伏南沱组呈假整合接触，有明显标志。

6)南华系

南沱组（Nh_2n）：在区内多呈隐伏状产出，仅在东翼研究区局部出露。岩性及厚度不稳定，由一套灰绿色、紫红色冰碛砾岩夹黏土岩组成，厚0～28.50m。砾石含量为20%～60%不等，由变余凝灰质粉砂岩和变余凝灰质黏土岩组成，呈次圆状、浑圆状，大小为0.2cm×0.2cm～20cm×15cm，基底式泥质胶结，与下伏鹅家坳组呈微角度不整合接触。

7)青白口系鹅家坳组（Qbe）

研究区内呈隐伏状产出。主要由一套灰绿色薄至中厚层变余凝灰质粉砂岩与变余凝灰质黏土岩的韵律层组成，夹不稳定的铁质绿泥石水云母黏土岩，该组与上覆南华系南沱组或震旦系陡山沱组呈微角度不整合或假整合接触。厚度不详。

2. 含磷岩系

研究区含磷岩系为下震旦统陡山沱组，陡山沱组假整合于南沱组或超覆于青白口系之上。它是海侵进一步扩大，自生沉积岩类大量出现，磷质高峰期沉积的岩组，由白云岩、硅质岩、磷块岩及细砂岩组成，厚17.36～120.95m，平均厚53.55m。岩（矿）石组合层序自上而下为（图3-15）：

b矿层：上部为灰黑色致密状白云质磷块岩（时夹白云岩），下部为黑色含碳泥质砂屑磷块岩。厚0～34.38m，平均厚9.59m。含大量星点状、结核状黄铁矿。

代号		柱状图	岩矿名称	厚度(m)			P_2O_5含量(%)		
地层	矿层			最小	最大	平均	最小	最大	平均
Z_2dy^1	顶板		浅灰色厚层含磷粉晶白云岩	0.42	10.51	2.90	0.22	12.50	5.54
Z_1d	b		上部为深灰色、灰黑色致密状、粉状含砂屑白云质磷块岩（时夹含磷细晶白云岩）；下部为黑色含碳泥质砂屑磷块岩（b矿层）	0	34.38	9.59	2.00	39.07	26.60
	G		灰色、深灰色含磷细晶白云岩（时含硅质岩团块）。上部时为黑色含磷碳质泥岩	0	15.72	5.22	1.22	14.69	7.20
	a		深灰色条带状砂屑磷块岩，条带由砂屑磷块岩与白云岩相间组成（a矿层）	0	38.00	15.53	1.03	38.68	26.40
	底板		上部为深灰色、灰绿色条带状细粒-中粒含磷白云质砂岩，时夹含磷细晶白云岩；下部为灰色、浅灰色含磷细晶白云岩	0.74	29.48	4.14	1.28	9.76	4.57
Nh_2n			灰绿色、紫红色黏土质砾岩、含砾黏土岩	0	4.88	1.96			

注：矿层内P_2O_5含最低限小于边界品位12%的样本，为矿层内部不够剔除厚度的夹石

图3-15 研究区含矿岩段示意图

夹层(G)：厚0～15.72m，平均厚5.22m。分隔a、b两矿层，是b矿层的底板，a矿层的顶板。为灰色、深灰色厚层含磷质细晶白云岩。上部为黑色含磷碳质泥岩或砂屑碳泥质磷块岩。

a矿层：深灰色薄层条带状砂屑磷块岩(a矿层)。条带由砂屑磷块岩与白云岩相间组成，白云岩条带厚2～10mm。磷块岩条带含大量砂屑及少量云母碎片、粒状海绿石，顶、底均含有少量砾屑，与顶、底白云岩间有明显的冲刷间断，含大量星点状黄铁矿，厚0～38.00m，平均厚15.53m。

底板：顶部常为一层0.1～3.50m厚的灰色、浅灰色含磷细晶白云岩。中、下部为灰色、浅灰绿色薄层条带状细至中粒含磷砂岩，条带由黑灰色泥质和有机质构成，呈脉状、不规则状，条带厚2～5mm。磷质向上逐渐增多，白云岩内偶见磷酸盐局部分布形成不规则状磷屑花斑。厚10.17～30.70m，平均厚22.31m。

(二)构造

1. 褶皱

研究区覆盖了白岩背斜东西两翼及北倾伏端(图3-16)，白岩背斜为区内一级地质构造，研究区内核部出露地层为上震旦统灯影组第二段，两翼出露地层为寒武系。背斜西翼，岩层倾向北西，倾角为一般5°～32°；东翼岩层倾向南东，倾角急剧变陡，一般为50°～80°，局部岩层近于直立。经深部钻探工程揭露，白岩背斜在北倾伏端研究区范围一带背斜枢纽倾伏方向为北东16°左右，倾伏角为6°～15°。背斜轴面倾向为280°～290°，倾角为60°～65°。

2. 断层

区内断裂构造较为发育，以近南北向、北西向断层为主，其次为近东西向断层和北东向断

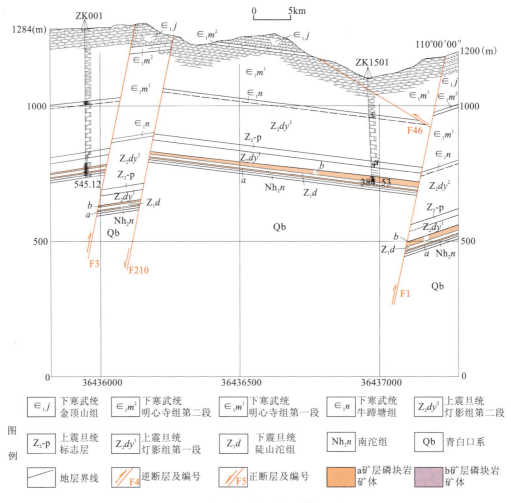

图 3-16 研究区各种性质断裂剖面示意图

层。对含磷岩系岩相特征分析,断裂构造仅对矿体形态进行改变,无限制成磷盆地、控制含磷岩系岩相格局的同生断裂。

其中,西翼近南北向由西向东逆冲的断裂为褶皱构造形成的同期断层,断层规模对矿体形态的改变最大;西翼近南北向具有张性特征的正断层和东翼由东向西高角度逆冲断层级为褶皱构造挤压应力回弹释放形成的构造,断层规模对矿体形态的改变亦较大。北西向断层是借褶皱构造形成前的早期低序次结构面发育的断层,断层规模对矿体的破坏较小,近东西向断层和北东向断层是区内形成最晚的一期断层,断层规模对矿体的形态改变较大。对分布于研究区内规模较大和对矿体造成破坏(矿体形态改变的断层)的两组断层描述如下(图3-16)。

1)南北向逆断层

南北向逆断层主要分布于白岩背斜轴部附近及东西两翼,规模较大,纵贯南北。构造形式在剖面上总体表现为由东向西或由西向东相向斜冲,常造成同一地层叠复。主要发育 F_{27}、F_{26}、F_{25}、F_{23}、F_{19}、F_7、F_1、F_3、F_4、F_6 等逆断层。

F_{27}:发育于白岩背斜东翼,呈近南北向贯通东翼研究区和北倾伏端研究区,南部自新桥一带进入,北部至鸡上塘一带延出,区内走向延长约16km,断面光滑,断面倾向为100°~110°,倾角为68°~84°。破碎带宽1~6m,由碎裂岩组成,擦痕发育。垂直断距为240~300m。逆断层。

F_{26}:发育于北倾伏端研究区白岩背斜近轴部位,南部从老虎洞一带进入,北部至鸡上塘一带延出,区内走向长约4200m。呈近南北向展布,倾向为100°~110°,倾角为69°~75°。破碎带宽1~10m,主要为碎裂岩。断面擦痕及镜面发育。垂直断距为20~150m。逆断层。

F_{25}:发育于北倾伏端研究区白岩背斜近轴部位,南部自老虎洞一带进入,呈近南北向展布,北部至转背岩一带交F_{26},区内走向长约1800m。具强烈挤压特征,断面倾向为100°~110°,倾角为70°~73°。破碎带宽1~8m,破碎带在白云岩中主要为角砾岩,角砾岩角砾成分为粉晶白云岩,角砾大小为2mm×2mm~4mm×3mm,呈棱角、次棱角状,基底式胶结,胶结物为白云质。破碎带在碎屑岩中主要表现为碎裂岩,岩石层理被破坏。镜面及擦痕明显,垂直断距为20~40m。逆断层。

F_{23}:发育于北倾伏端研究区白岩背斜近轴部位,沿桑岩—鸡上塘一带呈近南北向展布,区内走向延长约1500m,断面倾向为90°~100°,倾角为76°。破碎带宽2~5m,破碎带由角砾岩碎裂岩组成,角砾成分为粉晶白云岩,呈棱角状、次棱角状,角砾大小为1mm×3mm~5mm×10mm,基底式胶结,胶结物为白云质。垂直断距为160m。逆断层。

F_{19}:发育于东翼勘查区,沿南堡—大塘矿区一带呈近南北向展布,向两端逐渐消失,区内走向长4500m,呈近南北向展布,断面倾向为110°~120°,倾角为47°~83°,断面光滑,沿走向和倾向均呈舒缓波状。破碎带宽1~5m,破碎带由糜棱岩、碎裂岩和角砾岩,擦痕发育。垂直断距为90~150m。逆断层。

F_7:发育于北倾伏端研究区,沿小高寨—大寨—高白溪—太屋槽一带呈近南北向展布,区内走向长约5800m,断面倾向为260°~270°,倾角为74°~79°。破碎带宽2~5m,破碎带在白云岩中主要为角砾岩,镜面发育,角砾岩角砾成分为粉晶白云岩,角砾大小为2mm×2mm~20mm×30mm,呈棱角、次棱角状,基底式胶结,胶结物为白云质。破碎带在碎屑岩中主要为由碎裂岩组成,牵引构造发育,垂直断距为100~150m。逆断层。

F_1:区域性断层。发育于西翼研究区,自南部何家院一带呈向北延伸北部至大塘河一带出研究区,区内走向长约5500m。具强烈挤压特征,断面倾向为250°~270°,倾角为78°~81°。破碎带宽5~10m,破碎带在白云岩中主要为角砾岩,角砾成分为粉晶白云岩,大小为2mm×2mm~40mm×50mm,呈次棱角状,基底式胶结,胶结物为白云质。破碎带在碎屑岩中主要表现为碎裂岩和糜棱岩,牵引构造发育。断面及擦痕明显,垂直断距为230~300m。逆断层。

F_3:发育于西翼研究区,南部大湾坪一带进入研究区,呈南北向展布,北部至柳家山一带超出研究区,区内走向长约6000m。断面倾向为260°~270°,倾角为74°~79°。破碎带宽2~3m,破碎带为角砾岩,角砾岩角砾成分为粉晶白云岩,角砾大小为2mm×2mm~10mm×15mm,呈次棱角状,基底式胶结,胶结物为白云质。镜面及擦痕发育,垂直断距为150~300m。逆断层。

F_4:发育于西翼研究区,自竹麻林一带向北延伸经大湾至招头领出研究区,区内走向长约8000m,倾向为270°~280°,倾角为78°~80°。破碎带宽5m,由碎裂岩组成,牵引构造发育。垂直断距为30~350m。逆断层。

F_6:发育于西翼研究区西部,南部下冲一带进入研究区,呈南北向展布,北部至木广坪一带出研究区,区内走向长约2600m。断面倾向为260°~270°,倾角为79°。破碎带宽5~10m,破碎带为角砾岩,角砾岩角砾成分为灰岩和重结晶方解石,角砾大小为2mm×2mm~10mm×15mm,呈棱角、次棱角状,基底式胶结,胶结物为钙质。镜面及擦痕发育,垂直断距为50m。逆断层。

2) 南北向正断层

白岩背斜西翼个别南北向断层也表现为由东向西或由西向东背向跌落,如F_8、F_{210}、F_5三条正断层。

F_8:发育于北倾伏端研究区,自北部民寨一带向南延伸至大毛消失,区内走向长约1800m,断面起伏,倾向为100°~110°,倾角为87°~88°。破碎带宽约5m,由角砾岩组成,角砾成分为白云岩,呈次棱角状,角砾大小为2mm×2mm~20mm×25mm,基底式白云质胶结。垂直断距为70~85m。正断层。

F_{210}:发育于西翼研究区,自对门冲一带向北延伸交F_3,区内走向长约750m,断面起伏,倾向为260°,倾角为80°。破碎带宽5m,由碎裂岩组成,牵引构造发育。垂直断距为180m。正断层。

F_5:发育于西翼研究区,自泉飞一带向北延伸至保塘一带与F_4相交,区内走向长约750m,断面起伏,倾向为270°,倾角为78°。破碎带宽3m,由碎裂岩组成,牵引构造发育,垂直断距180m。正断层。

3) 北西向断层

该组断层主要分布于西翼研究区,其次为北倾伏端研究区,东翼研究区不发育。为一系列低角度断层,规模较小。

F_{508-1}:发育于西翼研究区,自黄土坎一带呈北西向延伸至小坝一带交F_{33},区内走向长约2000m,断面起伏,倾向为70°,倾角为31°。破碎带被浮土掩盖,沿破碎带有泉水点出露,垂直断距为180m。正断层。

F_{43}:发育于西翼研究区,自蔡家院一带呈北西向延伸,多次被南北向断层改造,区内走向长约3000m,断面产状不明,破碎带宽3m,由碎裂岩组成,牵引构造发育,断距不详。

F_{44}:发育于西翼研究区,沿大竹林—旁上一线呈北西向延伸至前上交F_1,被南北向断层改造,区内走向长约1600m。倾向为70°,倾角为52°。破碎带宽3m,由碎裂岩组成,牵引构造发育。垂直断距为50m。逆断层。

F_{45}:发育于西翼研究区,沿猪槽岩—地心一线呈北西向延伸,被南北向断层改造,区内走向长约3500m。倾向为40°,倾角为51°。破碎带宽5m,由碎裂岩组成,牵引构造发育,沿破碎带走向有泉点出露。垂直断距50m。逆断层。

F_{46}:发育于西翼研究区,沿李齐庄—龙汪田一线呈北西向延伸,被南北向断层改造,区内走向长约2000m。倾向为35°,倾角为37°。破碎带宽2m,由碎裂岩组成,牵引构造发育,沿破碎带走向有泉点出露。垂直断距为30m。逆断层。

F_{47}:发育于西翼研究区,自鸡场坳一带呈北西向向两端延伸,区内走向长约1700m。倾向为30°,倾角为54°。破碎带宽2m,由碎裂岩组成,牵引构造发育,沿破碎带走向有泉点出露。垂直断距为60m。逆断层。

F_{471}:发育于西翼研究区南西角,两端受F_4、F_6限制和改造,呈北西向向两端延伸,区内走向长约500m。断面产状不明显。破碎带宽约10m,由角砾岩组成,角砾成分为灰岩,呈次棱角状,角砾大小为 2mm×2mm～50mm×30mm,基底式胶结。胶结物为钙质和铁泥质。

3. 节理

本次工作对区内的节理发育情况进行了专门的统计和研究,调查统计表明:区内主要发育南北向、北西向和北东向 3 组节理(图 3-17)。

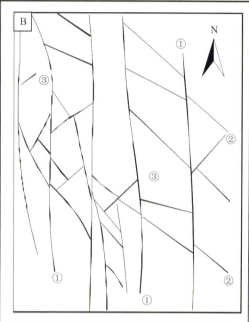

图 3-17 节理(J205)照片及素描图
A. 节理(J205)照片;B. 节理(J205)素描图

南北向节理①最发育,倾向为 95°～111°,倾角为 73°～80°,节理面平直开启,多被泥质充填,发育频数为(5～7)条/m²,有尖灭现象。北西向节理②发育次之,倾向为 51°～69°,倾角为 45°～55°,节理面略呈弧形,局部开启,时有泥质充填,脉宽均匀,发育频数为(3～6)条/m²。北西向节理③发育较差,倾向为 205°～215°,倾角为 70°～78°,节理面略有起伏,泥质充填,发育频数为(2～4)条/m²。

三组节理彼此交切关系为:南北向节理改造北西向节理和北东向节理,北东向节理改造北西向节理。

根据三组节理间的改造切错关系判断:南北向节理成生次序最晚,其次为北东向,北西向节理最早,其组合样式与区内断裂构造相吻合。

综上所述,区内褶皱构造为一轴向近南北,两翼西缓东陡,轴面西倾的斜歪背斜;断裂构造主要发育近南北向,其次为北西向、北东向共三组断层。构造复杂程度中等。

二、矿床地质特征

(一)矿体分布及厚度特征

研究区内磷矿体(层)呈层状、似层状产于含磷岩系中,产状与地层大体一致。整装勘查全区 b 矿层经 161 个见矿钻孔统计,矿层厚 0.85(含无矿孔时为 0)~34.38m,平均厚 9.59m,厚度变化无明显规律,变化系数为 56.04%;a 矿层经 152 个见矿钻孔统计,矿层厚 1.18(含无矿孔时为 0)~38.00m,平均厚 15.53m,厚度变化无明显规律,变化系数为 43.23%(表 3-5)。对研究区总体而言,a、b 矿层均属较稳定型。各研究区块矿层具体特征分述如下。

表 3-5 矿层厚度及变化系数统计表

勘查区	厚度	b 矿层	a 矿层
整装勘查全区	极值(m)	0.85~34.38	1.18~38.0
	均值(m)	9.59	15.53
	变化系数(%)	56.04	42.23
北倾伏端勘查分区	极值(m)	0.85~34.38	1.18~29.95
	均值(m)	9.01	15.14
	变化系数(%)	48.50	36.40
西翼勘查分区	极值(m)	1.58~33.54	2.07~19.55
	均值(m)	12.01	9.58
	变化系数(%)	91.92	61.32
东翼勘查分区	极值(m)	11.94~25.81	11.32~38.01
	均值(m)	18.65	29.34
	变化系数(%)	24.52	30.60

注:表中矿层厚度低限值仅代表见矿钻孔,无矿钻孔参加统计时厚度低限值为 0

1. 白岩背斜北倾伏端研究区

区内矿体呈隐伏层状产出,受地质构造白岩背斜制约,矿体呈一西缓东陡的背斜形态,背斜向北东 16°方向倾伏,倾伏角为 6°~15°。西翼矿层倾向为 320°~350°,倾角为 10°~23°;东翼矿层倾向为 150°~170°,倾角为 50°~80°,局部岩层近于直立。

据钻孔揭示,北倾伏端研究区 b 矿层发育较全,在研究区南东角牛栏坪一带向南逐渐变薄乃至相变尖灭;a 矿层除南东角缺失地段与 b 矿层相似外,北部沿朵良坪—高白溪—大毛—桑岩一线以北区域完全缺失。a、b 矿体矿石特征分别如下。

b 矿层赋存于陡山沱组上部,矿体在区内南北长 6600m,东西宽 5000m。北倾伏端研究区 b 矿层经 139 个见矿钻孔统计,矿层厚 0.85(含无矿孔时为 0)~34.38m,平均厚 9.01m,厚度变化无明显规律,变化系数为 48.50%。对北倾伏端研究区而言,b 矿层属较稳定型。

a 矿层赋存于陡山沱组中上部,矿体在区内南北长 5600m,东西宽 4800m。北倾伏端研究区 a 矿层经 134 个见矿钻孔统计,矿层厚 1.18(含无矿孔时为 0)~29.95m,平均厚 15.14m,厚度变化无明显规律,变化系数为 36.40%。对北倾伏端研究区而言,a 矿层属稳定型。

2. 白岩背斜西翼研究区

区内矿体呈隐伏层状产出,倾向西,倾角为 5°~32°。

据钻孔揭示和综合研究,西翼研究区 b 矿层厚度变化大,沿老山顶—前上—蔡家院—茅犁山一线以北,柳家山—汪家寨—小高寨子—老虎洞一线以南存在一宽约2000m,长轴近东西向的条形薄矿带或无矿带,习称"前雍无磷带",垂直该带自南向北矿层逐渐变厚。矿石特征如下。

b 矿层赋存于陡山沱组上部,北部矿体南北长约3000m,东西宽约2200m;南部矿体南北长约6400m,东西宽约2400m。西翼研究区 b 矿层经14个见矿钻孔统计,矿层厚2.07~19.55m,平均厚12.01m,厚度变化无明显规律,变化系数为91.92%(表3-5)。对西翼研究区而言,b 矿层属不稳定型。

a 矿层赋存于陡山沱组中上部,北部矿体南北长约2400m,东西宽约2000m;南部矿体南北长约5000m,东西宽约2000m。西翼研究区 a 矿层经10个见矿钻孔统计,矿层厚1.58(含无矿孔时为0)~33.54m,平均厚9.58m,厚度变化无明显规律,变化系数为61.32%(表3-5)。对西翼研究区而言,a 矿层属较稳定型。

3. 白岩背斜东翼研究区

据钻孔揭示,本研究区 b 矿层及 a 矿层均发育齐全,矿体为各采矿权区矿体自然延深,倾向东,倾角为50°~80°。矿体沿走向长约7950m,沿倾向宽约0~240m。a、b 矿层矿石特征分别如下。

b 矿层赋存于陡山沱组上部,区内全长约7950m,矿层连续。东翼研究区 b 矿层经8个见矿钻孔统计,矿层厚11.94~25.81m,平均厚18.65m,矿层延深方向有变厚趋势,变化系数为24.52%。对东翼研究区而言,b 矿层属稳定型。

a 矿层赋存于陡山沱组中上部,区内全长约7950m,矿层连续。东翼研究区 a 矿层经8个见矿钻孔统计,矿层厚11.32~38.01m,平均厚29.34m,矿层延深方向有变厚趋势,变化系数为30.60%。对东翼研究区而言,a 矿层属稳定型。

(二)矿石结构和构造

1. 矿石结构

矿石具微晶—胶状结构、泥质结构、细晶—砂屑结构,现分述如下。

(1)微晶—胶状结构:是相对的低能环境中磷酸盐直接从介质中析出,经胶体聚沉和藻类黏结而成的初始结构。此类结构普遍发育于 b 矿层中部及上部白云质磷块岩中。

(2)泥质结构:由泥质黏土、非晶质无定形碳质、粉砂石英、砂屑胶磷矿及白云石均匀混杂形成的结构。此类结构发育于 b 矿层底部碳泥质磷块岩中。

(3)细晶—砂屑(团球粒)结构:由砂屑(团球粒)磷块岩和磷质白云岩(条带)互层形成的结构。以砂屑(团球粒)磷块岩为主,磷质白云岩为矿石中的夹石条带。此类结构普遍发育于 a 矿层条带状砂屑磷块岩中。

2. 矿石构造

矿石有块状构造、层状构造和条带状构造3种。

(1)块状构造:磷酸盐呈隐晶质凝胶状形成致密块体,含少量不规则砂屑条带。此类构造发育于 b 矿层中部及上部致密状白云质磷块岩中。

(2)层状构造:磷酸盐呈粉砂级内碎屑分布于碳泥质基底上,因粉砂级内碎屑分布成层性而形成层状构造,此类构造发育于 b 矿层下部碳泥质磷块岩中。

(3)条带状构造：由磷酸盐与碳酸盐(白云石)矿物互层(条带)组成。磷质条带由砂屑状磷酸盐颗粒紧密堆集而成，条带宽窄、疏密不一，一般每10cm厚度内含0.5～2cm厚磷酸盐条带3～5条，宽者磷酸盐与碳酸盐(白云岩)呈互层状，各厚5～10cm。此类构造普遍发育于a矿层条带状砂屑磷块岩中。

(三)矿物组成

1. 主矿物

(1)b矿层主要矿石矿物为胶状隐晶质胶磷矿，为无定形状。偶见粒屑颗粒，呈圆形、椭圆形球粒，粒径多为0.1～0.5mm，多已重结晶为显微纤维状磷灰石。矿石矿物含量为60%～80%。见磷质真菌及藻类生物遗迹。

(2)a矿层主要矿石矿物胶磷矿多为隐晶质胶状，呈圆形、椭圆形砂屑产出，部分重结晶为显微纤维状磷灰石，砂屑粒径0.1～0.4mm，分布不均，富集成厚薄不一的条带，厚数毫米，在富磷条带中，白云石及少量绿泥石作为砂屑的胶结物存在，矿石矿物含量为60%～75%。

2. 副矿物

1)b矿层脉石矿物以白云石为主，其次为碳质、石英，偶见黄铁矿

(1)白云石：呈他形—半自形粒状，粒径多在0.05mm以下，不均匀星散分布。含量为10%～40%。

(2)碳质：为非晶质无定形物，呈细分散状、不规则团块状分布。含量为2%～15%。

(3)石英：有陆源粉砂和成岩自生石英两种，含量为1%～25%。前者为次棱角状粉砂粒(粒径为0.05～0.1mm)，部分粉砂还包裹于磷质砂屑之中。自生石英呈他形粒状，粒径多在0.02mm以下，常聚集成团块或条带，这种石英常含碳质等包裹体，石英总量中自生石英占约80%。

(4)黄铁矿：呈他形粒状，粒径多小于0.01mm，星散分布。含量为1%～2%。

2)a矿层脉石矿物以白云石为主，其次为石英、黄铁矿、绿泥石、水云母等

(1)白云石：呈不规则团块状、条带状、脉状分布于胶磷矿中。白云石呈他形粒状，粒径为0.05～0.5mm。含量为35%～40%。

(2)石英：呈他形—半自形状，系成岩自生成因，呈单晶粒状或聚集成团块主要分布于胶磷矿中，单晶粒径为0.05～0.15mm，团块最大者为0.5mm左右。含量为3%～7%。

(3)黄铁矿：按成因有两种，含量为5%。一种是同生沉积的，粒径小，多在0.005mm以下，不均匀星散分布于胶磷矿粒屑中；另一种是后生成岩期黄铁矿化产物，呈半自形粒状，粒径多在0.01～0.05mm之间，不均匀星散分布于胶磷矿粒屑间孔隙中，多混杂于磷质白云岩条带产出，前者含量为1%～2%。

(4)绿泥石：呈细小鳞片状集合体，集合体大小为0.1mm左右。含量为1%～5%。

(5)水云母：或呈显微纤维状聚集为团块，或呈条片状星散分布于胶磷矿粒屑中及磷质白云岩条带中。含量为2%～5%。

3. 矿物共生组合

矿石中的矿物共生组合可分6类。

1)b矿层磷块岩矿物共生组合

(1)碳氟磷灰石-白云石组合。

(2)碳氟磷灰石-单磷酸盐组合。
(3)碳氟磷灰石-自生石英、玉髓-碳泥质组合。

2)a矿层磷块岩矿物共生组合
(1)碳氟磷灰石-碎屑石英-水云母组合。
(2)碳氟磷灰石-碎屑石英-白云石-水云母组合。
(3)碳氟磷灰石-白云石组合。

(四)矿石化学成分

本次工作对矿石化学成分的研究,总体上以矿石结构类型划分作为研究对象。研究区矿石可分为致密状白云质磷块岩(b2)、碳泥质磷块岩(b1)和条带状砂屑磷块岩(a)三大结构类型。其他结构的矿石(如鲕粒磷块岩、条纹状白云质磷块岩、团块状白云质磷块岩等)由于横向稳定性较差,时有时无,变化无明显规律,而且层位上均赋存于b矿层底部碳泥质磷块岩b1之上,因此将它们与致密状白云质磷块岩规并成一个结构类型。

根据上述3种结构矿石类型,在研究区北部选择ZK009、ZK408、ZK703三个钻孔,从矿层基本分析副样中提取化学全分析样,对矿石有益组分、有害组分及杂质组分等进行测试分析。研究区南部由于地质工作程度较高,资料丰富,为避免工作重复,本次施工的钻孔未专门采集化学全分析样,利用瓮福磷矿白岩矿区大塘矿段详勘资料,选择ZK1505、ZK1106、ZK905三个钻孔矿石化学全分析成果参与统计。研究区磷矿石中的化学组分及含量情况如附表3。

1. 有益组分 P_2O_5 含量

(1)根据6个钻孔矿层矿石化学全分析样统计,研究区磷块岩矿石主要有益组分P_2O_5含量为17.02%~29.69%,平均含量为24.56%。其中,致密状白云质磷块岩P_2O_5含量为17.02%~29.61%,平均含量为22.53%;碳泥质磷块岩P_2O_5含量为18.65%~29.69%,平均含量为25.38%;条带状砂屑磷块岩P_2O_5含量为22.22%~29.00%,平均含量为25.82%(附表4)。

(2)本次整装勘查a、b矿层单独计算资源/储量,在各资源/储量计算分层内P_2O_5含量相对稳定。本次整装勘查b矿层经1356件单样统计,P_2O_5含量为2.00%(剔除夹石样本后为12%)~39.07%,平均含量为26.60%,品位变化系数为25.34%;a矿层经1977件单样统计,P_2O_5含量为1.03%(剔除夹石样本后为12%)~38.68%,平均含量为26.40%,品位变化系数为16.07%(附表5)。

综上,区内无论以化学全分析统计还是以单样品统计,a、b矿层均属均匀型矿床。

以化学全分析统计的P_2O_5平均含量较单样品统计的P_2O_5平均含量偏低,原因是化学全分析统计的样本数量较少,具一定的局限性。因此化学全分析统计的P_2O_5含量仅用作矿石的化学成分评价。以单样品统计的P_2O_5含量由于矿层内部存在少量不够剔除厚度的夹石样本,因此极值低限出现小于边界品位12%的情况。

2. 主要杂质组分

矿石中的主要杂质组分为MgO、SiO_2、Al_2O_3、TFe_2O_3、CO_2 5项,其含量因矿石类型不同而不同。据附表2-3,研究区磷块岩矿石主要杂质含量如下。

MgO:总体含量为1.60%~9.56%,平均含量为4.28%。其中,致密状白云质磷块岩MgO含量为4.00%~9.56%,平均含量为6.96%;碳泥质磷块岩MgO含量为1.97%~

5.43%，平均含量为 3.37%；条带状砂屑磷块岩 MgO 含量为 1.60%~3.53%，平均含量为 2.69%。

SiO_2：总体含量为 1.30%~23.31%，平均含量为 10.67%。其中，致密状白云质磷块岩 SiO_2 含量为 1.30%~9.63%，平均含量为 3.03%；碳泥质磷块岩 SiO_2 含量为 8.99%~23.31%，平均含量为 13.20%；条带状砂屑磷块岩 SiO_2 含量为 10.63%~19.09%，平均含量为 15.26%。

Al_2O_3：总体含量为 0.16%~4.66%，平均含量为 2.28%。其中，致密状白云质磷块岩 Al_2O_3 含量为 0.16%~1.42%，平均含量为 0.49%；碳泥质磷块岩 Al_2O_3 含量为 0.63%~3.22%，平均含量为 1.72%；条带状砂屑磷块岩 Al_2O_3 含量为 2.17%~4.66%，平均含量为 3.57%。

TFe_2O_3：总体含量为 0.20%~2.05%，平均含量为 1.12%。其中，致密状白云质磷块岩 TFe_2O_3 含量为 0.20%~0.67%，平均含量为 0.34%；碳泥质磷块岩 TFe_2O_3 含量为 0.64%~2.05%，平均含量为 1.08%；条带状砂屑磷块岩 TFe_2O_3 含量为 1.40%~1.72%，平均含量为 1.64%。

CO_2：总体含量为 4.92%~22.04%，平均含量为 11.01%。其中，致密状白云质磷块岩 CO_2 含量为 18.65%~22.04%，平均含量为 19.86%；碳泥质磷块岩 CO_2 含量为 5.94%~7.99%，平均含量为 6.74%；条带状砂屑磷块岩 CO_2 含量为 4.92%~6.66%，平均含量为 6.01%。

从以上数据可看出，致密状白云质磷块岩 MgO、CO_2 杂质含量高，SiO_2、Al_2O_3、TFe_2O_3 杂质含量低；而碳泥质磷块岩和条带状砂屑磷块岩与之相反，MgO、CO_2 杂质含量低，SiO_2、Al_2O_3、TFe_2O_3 杂质含量高。

三、磷矿类型及成因

(一)矿石自然类型

根据矿石颜色、结构构造等宏观特征，将区内磷块岩分为 7 个自然类型，现自上而下将各自然类型矿石特征分述如下。

1）致密状白云质磷块岩

主要矿物胶磷矿呈非晶质胶状，部分重结晶为显微纤维状磷灰石。白云石呈他形—半自形粒状，微晶（粒径为 0.01mm）多呈细分散状混杂于胶磷矿中；细晶（粒径多在 0.1mm 左右）呈不规则团块或条带分布于胶磷矿之中。偶见他形粒状石英（0.2mm）产于胶磷矿中。黄铁矿呈他形粒状，粒度多在 0.02mm 以下，不均匀星散分布。碳质局部富集成条带状产出。此类矿石赋存于 b 矿层中部及上部（图 3-18A）品位相对较低。

2）碳泥质磷块岩

泥质黏土与非晶质无定形碳质均匀混杂，混杂物中不均匀星散分布着粉砂石英、砂屑胶磷矿以及白云石。石英按成因有两种，一种是陆源粉砂，为次棱角状，粒径多为 0.01~0.05mm；另一种是沉积自生产物，呈他形—半自形粒、柱状，粒径多为 0.05~0.2mm，石英总量中自生石英约占 80%。自生石英多聚集为条带，与富碳质黏土条带相互平行互层产出，形成颜色深浅不同的层状构造。胶磷矿为隐晶质，以近似圆形球粒产出，粒径为 0.05~0.5mm。白云石呈他形—半自形粒状，粒径为 0.01mm 左右，均匀星散分布。黄铁矿呈他形粒状，粒径多小于 0.01mm，星散分布。此类矿石赋存于 b 矿层底部（图 3-18B）。

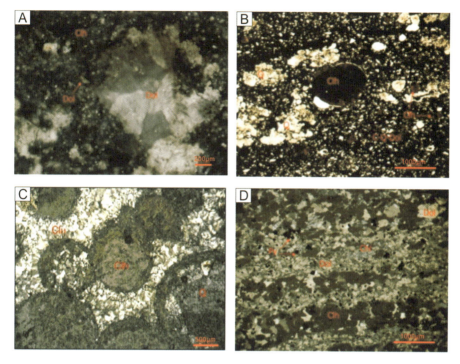

图 3-18 不同自然类型的磷块岩
A.致密状白云质磷块岩(ZK1201y-2);B.碳泥质磷块岩(ZK705y-2);
C.团球粒磷块岩(ZKA211y-1);D.条带状砂屑磷块岩(ZK705y-3)

3)团球粒磷块岩

团球粒主要由磷灰石矿物组成,偶尔被白云质、硅质交代,多呈圆状、椭圆状等,大小多在 0.4~1mm 之间(图 3-18C),在其边缘多见自形粒状的磷灰石结晶体,局部见较小的粒屑颗粒全被粒状磷灰石充填。胶结物为泥晶磷质或亮晶白云石,白云石多呈自形~半自形粒状,粒径为 0.1~0.2mm。后期强烈硅化作用生成的玉髓和粒柱状石英充填交代部分胶磷矿砂屑及白云石胶结物。其中粒柱状石英多充填交代胶磷矿砂屑,少部分砂屑被石英团块完全充填;玉髓则主要呈纤维状、扇状、梳状等形式交代原岩中的胶结物。黄铁矿呈半自形—他形粒状,粒径为 0.01~0.04mm,零星分布(图 3-18D)。

4)砂屑磷块岩

矿石内磷质颗粒大小分选不一,颗粒粒径为 0.2~0.5mm,大部分磷质呈卵圆形,具有一定的磨圆度,少部分颗粒呈菱角状至半菱角状,胶结物一般为磷质或白云质,且容易受到淡水硅化作用形成硅质胶结。砂屑颗粒一般主要由泥晶磷块岩、生物碎屑磷块岩或球粒磷块岩受水流冲洗、破碎、搬运而成,一般形成于浅滩或潮下高能带等浅水沉积环境。砂屑磷块岩一般在瓮福地区近陆缘沉积区有发育。

5)条带状砂屑(团球粒)磷块岩

矿石由砂屑(团球粒)磷质岩和磷质白云岩(条带)互层组成,以砂屑(团球粒)磷块岩为主。磷质纹层由磷质内碎屑(团球粒)组成,被磷灰石、白云石等胶结,以泥晶磷质胶结为主。白云质纹层主要由细晶白云石颗粒组成,含少量磷质颗粒。白云石呈他形—半自形粒状,粒径为

0.05mm。水云母或呈显微纤维状聚集为团块,或呈条片状星散分布于胶磷矿粒屑中及磷质白云岩条带中。陆源碎屑石英呈次棱角状,粒径为0.02～0.1mm,不均匀星散分布于胶磷矿粒屑间孔隙中。黄铁矿按成因有两种,一种是同生沉积的,粒径小,多在0.005mm以下,不均匀星散分布于胶磷矿粒屑中;另一种是后生成岩期黄铁矿化产物,呈半自形粒状,粒径多在0.01～0.05mm之间,不均匀星散分布于胶磷矿粒屑间孔隙中,多混杂于磷质白云岩呈条带状产出,前者含量为1‰～2%。a矿层全部属于此类矿石(图3-18D)。

6)多细胞藻类磷块岩

多细胞藻类磷块岩一般由藻类黏结磷质而成,可见清晰的藻类化石,由藻类黏结磷质形成3～10μm的藻类集合体聚集分布。藻类生长一般在表层海水透光层,需要充足的氧分和营养物质,有藻类生物不断聚集并黏结磷质,最终形成品位较高的磷块岩矿石类型,由于藻类生长环境限制,多细胞藻类磷块岩分布并不广泛,仅在瓮安地区b矿层中可见。

7)生物球粒磷块岩

此类矿石即磷酸盐化的胚胎动物化石,呈圆球粒状,可见球粒外包壳和囊内部结构,粒径为0.5～1mm,可见分裂生长,颗粒内部可见微粒磷质颗粒,推测为胚胎细胞早期分裂,胶结物一般为白云石。生物球粒为比较高等生物化石,需较温暖且氧分充足的低能静水环境,分布较局限,仅在瓮安b矿层上部可见,即瓮安生物群,磷质主要集中于生物球粒中,磷质品位不高。

(二)磷矿成因分析

本区磷块岩结构主要为凝胶状结构和内碎屑结构。凝胶状结构是相对低能环境中磷酸盐直接从介质中析出,经胶体聚沉和藻类黏结而成的初始结构。此类结构的矿石多分布于安静、低能的海湾沉积环境,主要是生物化学成磷作用的结果。内碎屑结构包括鲕粒结构、砂屑结构和泥质结构。此类结构的矿石水平层理、交错层理、脉状层理发育。主要分布于水动力条件较强,地势平缓开阔的台地浅滩和海湾沉积环境,是机械破碎搬运富集作用的结果。因此本区磷块岩的形成主要由于生物化学成磷作用和机械破碎搬运富集作用。

1. 生物化学成磷作用

本区陡山沱期位于低—中纬度地区,适宜的气候条件有利于藻类生物的繁殖。区内磷块岩中普遍含藻迹和叠层石,反映当时古地理处于水体较浅的海滩环境,藻类生物繁盛。而潮间带则由于潮涨潮落,海水淹没断续,水动力条件剧烈,不利于海洋藻类生物的生长。生物化学成磷作用包括两个方面:一是吸取大量磷质的富磷藻类生物死亡后聚沉于海底,经过自身堆积形成磷块岩;二是藻类生物通过光合作用改变物化环境,提高沉积介质的pH值,形成碱化环境,为磷酸盐的析出和沉积创造有利条件。生物化学成磷作用多形成凝胶状结构、碳泥质结构的磷块岩,平面上主要分布于潮下低能的海湾及浅滩,其次是潮下安静的半封闭海湾。空间上主要发育于b矿层下部及a矿层上部磷块岩条带中。属海侵背景下沉积环境演变和更替的产物。

2. 机械破碎搬运富集作用

本区陡山沱期磷块岩矿床除生物化学成磷作用形成的凝胶状结构磷块岩外,具内碎屑结构的磷块岩所占比例更大,它广泛发育于b矿层上部和a矿层中部及下部磷块岩条带中。

陡山沱早期的磷块岩(a矿层)为条带状砂屑磷块岩,矿石类型单一,条带构造由砂屑磷块岩与含磷白云岩相间组成,砂屑成分主要为凝胶磷块岩,其次为白云石和陆源碎屑,陆源碎屑以玉髓和石英为主。自下而上,砂屑磷块岩条带中的砂屑粒度由粗变细,岩石颜色由浅变深,P_2O_5 含量由低变高。下部以发育交错层理和脉状层理为主,上部以发育斜层理和水平层理为主。以上规律显示,a 矿层沉积环境为由下到上,水体由浅变深,水动力条件由强变弱,磷质富集程度由弱变强,反映沉积环境由潮汐作用为主的潮间带逐渐过渡为波浪作用为主的浅滩。据此推测:研究区在海侵进程中经历浅滩环境时,通过生物化学成磷作用完成初始磷块岩的聚沉后,海侵达到顶峰,海水逐渐回落,区内由波浪作用为主的浅滩演变为潮汐作用为主的潮间带,高能潮汐作用将浅滩环境下聚沉的凝胶磷块岩打碎成颗粒后,由于水动力条件过强,这些磷块岩颗粒夹杂着陆源碎屑悬浮于水体中,不宜就地沉积,通过潮水回落搬运至以波浪作用为主的浅滩,随着回落潮水能量的释放快速沉积,这种沉积并不连续,它随潮汐作用具周期性,潮起时沉积白云岩,潮落时沉积磷块岩。陡山沱晚期的磷块岩(b 矿层)受古地理环境影响,矿石类型多元化,不同结构的矿石类型反映不同的沉积环境和不同成因,但各类型磷块岩多呈碎屑状分布,如含生物化石碎片的磷块岩,表明水流机械破碎、搬运作用在磷质的富集上具有重要影响。

因此,瓮安地区磷矿床是建立在生物化学成磷作用完成磷质初步聚沉成矿的基础上,通过沉积环境演变和更替,在海水机械破碎和搬运作用下的二次富集,系海平面不断变化背景下,沉积环境不断演变的产物。

四、古地理特征及其控矿作用

(一)古地理特征

南沱早期,由于瓮福古岛的存在,本区呈西靠古岛,东临大海的古地理面貌。海底地势东低西高,由西向东呈古岛—滨岸—浅海—深海的沉积环境,沉积相带呈南北向展布。由于前雍半岛和李齐庄半岛的存在,形成南部大湾障壁湾和北部翁招坝障壁湾,东部为开阔台地,因此区内岩相古地理为一个海湾及台地浅滩沉积环境(图 3-19)。

陡山沱早期,瓮福地区可分为两种沉积环境:一是水体相对较深的障壁湾沉积环境;二是紧邻古陆边缘的陆缘沉积环境。障壁湾沉积区为磷矿沉积的有利场所,发育的 a 矿层磷块岩多以原生沉积的团球粒磷块岩为主,局部受水流破碎形成碎屑状磷块岩。区内工业磷块岩 a 矿层平面上分布在三大区域:其一是研究区东部,中心位于上大塘一带,工业磷块岩 a 矿层最大厚度为 38.01m;其二是研究区北部翁招坝障壁湾,中心位于岩纳洞一带,工业磷块岩 a 矿层最大厚度为 29.95m;其三是研究区南部大湾障壁湾,沉积的工业磷块岩 a 矿层厚度和矿床规模相对较小,矿层最大厚度为 14.73m。陆缘沉积区往往仅发育一层磷矿床,矿层主要为碎屑状磷块岩,以机械作用成矿为主,矿层、品位分布不稳定,平面上主要分布于研究区西部瓮福古岛(黔中古陆)边缘和中部前雍半岛边缘。

陡山沱中晚期,历经短暂的海退暴露及沉积间断后,大规模的容磷海水涌上陆架,水位更高的海侵形成研究区内除前雍半岛外稳定沉积的更大规模工业磷块岩(b 矿层)矿床。本区按矿石结构类型,矿层结构自下而上依次为:含磷白云岩(夹层)—碳泥质磷块岩—含生物碎屑化石磷块岩—胚胎化磷块岩—土状、半土状磷块岩(局部发育)。据此判断,陡山沱中晚期成磷期区内磷块岩沉积环境有 3 种:一是海侵规模达到最大时,深潮下带沉积的碳泥质磷块岩;二是以潮间—潮下带潮汐作用为主的较高能环境产生的生物碎片聚集;三是潮下半封闭障壁湾较低能环境形成大量生物胚胎。

陡山沱中期的海退,潮汐作用为主的潮间带-潮上带由于水体剧烈动荡和海水淹没断续,

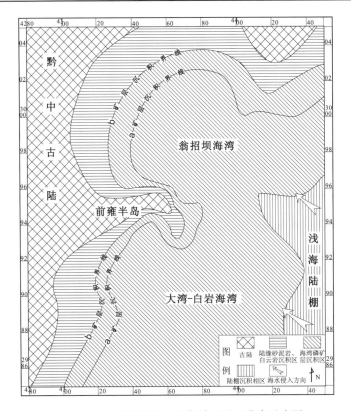

图 3-19 白岩背斜陡山沱期磷矿平面分布示意图

不利于容磷海水磷质聚沉和富磷海洋藻类生物的繁殖和生长,因此最早沉积了一套含磷白云岩。随后的大规模海侵,潮汐作用为主的潮间-潮上带演变为潮下半封闭海湾,由于海水与外界对流不畅,于含磷白云岩之上沉积了一套富含有机质的碳泥质磷块岩,为最大海泛面沉积背景下的产物。海侵达到高潮后,区内由潮下半封闭海湾演变为以潮汐作用为主的潮间-潮下带沉积环境,容磷海水中的磷质大量析出聚沉,富磷海洋藻类生物繁盛,在碳泥质磷块岩之上广泛沉积生物化石磷块岩,且受水流破碎影响,生物化石往往破碎、搬运、聚集形成生物碎屑磷块岩。随后海平面变化趋于稳定,瓮福地区一直处于较为封闭的障壁湾沉积环境,充足的磷酸盐等营养成分和浅水透光带使生命活动进一步演化、繁盛,形成大量原始胚胎化石,在整个障壁湾均有发育,形成大规模含生物胚胎的磷块岩。随后海平面再次下降,胚胎化石层之上即 b 矿层顶部局部发育土状、半土状磷块岩,为海侵后矿层受暴露、淋滤作用影响形成的高品位磷矿床。

(二)古地理控矿作用

瓮福地区古地理面貌控制了磷矿层的厚度、品位分布,位于前雍半岛北缘的翁招坝海湾和南缘的大湾-白岩海湾处于相对半封闭的水体环境,较平静的水体环境和充足的氧分、阳光有利于生物的生长繁盛,对磷质的聚集成矿有显著影响,且相对较深的水体环境为矿石沉积提供了充足的沉积容纳空间,成为优势成磷带,a 矿层团球粒磷块岩及 b 矿层生物化石磷块岩均有较大的厚度和较高的品位;而近岸浅水区由于受陆源碎屑输入及生物聚磷动力不足影响,矿层往往以碎屑状磷块岩为主,由异地搬运富集沉积区的磷质堆积、聚集而成,其矿层厚度、品位均差于海湾内磷矿床沉积。

第四章 成矿地质特征

第一节 含磷岩系地层划分与对比

开阳地区陡山沱组呈小角度不整合或假整合于澄江组(马路坪群)紫红色黏土质粉砂岩之上,缺失南沱组冰碛砾岩层,含磷岩系主要赋存于陡山沱组内。南部白泥坝矿区、翁昭矿区陡山沱组厚度较薄(3~6m),磷矿层主要由含磷碎屑砂岩组成,品位较低且分布极不稳定(P_2O_5含量为2.73%~10.23%);中西部洋水矿区、永温矿区、温泉矿区一带为开阳地区矿层最厚、品位最高的优势成矿带,含磷岩系自下而上依次沉积含海绿石石英砂岩、砂质白云岩(厚度为0~18m,P_2O_5含量为0.03%~7.22%)—含锰质碎屑白云岩(厚度为0~2.5m,P_2O_5含量为0.08%~10.56%)—砾屑、砂屑夹白云质条带磷块岩(厚度为0~12.4m,P_2O_5含量为15.05%~39.81%)(图版13a);开阳东北部新寨矿区陡山沱组含磷岩系与瓮福地区相似,含磷岩系可分a、b两个矿层,地层自下而上依次为海绿石石英砂岩、砂质白云岩(厚度大于4m,P_2O_5含量为0.08%~3.11%)—含锰质碎屑白云岩(厚度为0.14~3.2m,P_2O_5含量为0.12%~7.70%)—a矿层角砾、碎屑、砂屑夹白云质条带磷块岩(厚度为0~8.9m,P_2O_5含量为12.75%~28.89%)—白色、灰白色含硅质团块白云岩、硅质岩(厚度为1.3~22.3m,P_2O_5含量为0.23%~8.12%)—b矿层碎屑、含白云质条带砂屑磷块岩(厚度为0~8.83m,P_2O_5含量为10.23%~30.02%),新寨矿区虽然含磷岩系厚度较大,但平均品位较低,且矿层分布不稳定,部分地区存在矿层缺失现象。

瓮福地区陡山沱组假整合于南沱组冰碛砾岩之上或超覆于青白口系之上。本区陡山沱组发育a、b两个磷矿层,中间由一层白云岩夹层相隔。地层底部即矿层底板为灰色、浅灰绿色薄层条带状细至中粒含磷砂岩,条带由黑灰色泥质和有机质构成,呈脉状、不规则状,条带厚2~5mm;向东逐渐相变为一层0.1~3.50m厚的灰色、浅灰色细晶白云岩,层内可见帐篷构造、重晶石扇等构造,推测本层为与全球可对比的盖帽白云岩层;a矿层为深灰色薄层条带状砂屑磷块岩,条带由砂屑磷块岩与白云岩相间组成,白云岩条带厚2~10mm,磷块岩条带含大量砂屑及少量云母碎片、粒状海绿石,顶、底均含有少量砾屑,与顶、底白云岩间有明显的冲刷间断,a矿层条带状磷块岩P_2O_5含量为22.22%~29.00%,平均含量为25.82%,厚0~38.00m,平均为15.53m;夹层厚0~15.72m,平均含量为5.22m,分隔a、b两矿层,为灰色、深灰色厚层含磷质细晶白云岩,层内溶蚀孔洞等暴露构造明显,夹层厚度为0~24.05m;b矿层上部为灰黑色致密状白云质磷块岩(时夹白云岩),白云质磷块岩P_2O_5含量为17.02%~29.61%,平均含量为22.53%,下部为黑色含碳泥质砂屑磷块岩,P_2O_5含量为18.65%~29.69%,平均含量为25.38%,b矿层厚0~34.38m,平均厚9.59m。

丹寨地区分布有丹寨番仰磷矿和南皋磷矿。含磷岩系陡山沱组为碳质泥岩夹白云岩组合,厚度小,变化大,与下伏南沱组为假整合接触,与上覆地层灯影组为整合接触。以番仰磷矿床为例,含矿岩系自下而上为:深灰色薄层白云岩与页岩互层(8.10m)—深灰色硅质页岩、灰色黏土质页岩、黑色页岩(5.0m)—黑色薄层含磷白云岩夹含磷页岩(5.50m)—灰黑色泥晶磷块岩(0.1~2.5m),磷块岩具块状、层纹状构造,团粒状结构,团粒为泥晶磷质,被黏土质和白云质组分呈基质基底式胶结。本区在南沱组斜坡冰水沉积的基础上,陡山沱期海侵形成外陆棚-斜坡相沉积,晚期形成中厚层状泥晶质磷块岩沉积,偶见类生物球粒,磷矿层厚度变化大,有的地段变化为透镜状和结核状。

遵义松林地区陡山沱组假整合于南沱组冰碛砾岩之上,地层底为可与全球对比的盖帽白云岩层,中上段为灰黑色夹灰绿色粉砂质页岩、黏土岩夹碳质页岩及少量泥晶白云岩、白云岩,近顶部碳质页岩增多,层内夹灰色—灰黑色凝聚磷块岩层或磷质结核,但磷矿层分布极不稳定,往往呈透镜体状赋存于陡山沱组内,矿层厚度一般小于2m,往往以泥晶磷块岩形式产出,矿石内有大量泥质、粉砂质陆源细碎屑共生。

通过对黔中各地区陡山沱组含磷岩系地层划分可见,虽然开阳洋水背斜附近及永温、温泉地区仅存在一层磷矿床,但为矿层较厚、品位较高的优质矿床产区(厚度为0~12.4m,P_2O_5含量为15.05%~39.81%),矿石类型以砂屑磷块岩为主,偶见砾屑、鲕粒或叠层石磷块岩,矿层内常见不整合侵蚀面,普遍发育溶蚀孔洞,部分矿石呈土状疏松结构,风化、淋滤作用特征明显,且矿石内胶结物成分复杂,可分多个世代胶结。而新寨、瓮安地区存在两期成矿作用,因此,与新寨、瓮安地区两期磷质沉积作用分别成矿相比,开阳洋水、永温地区的磷矿层可能经历早期磷质沉积后,在暴露期未沉积白云岩,原矿层遭受暴露、淋滤作用,晚期在原矿层的基础上直接接受磷质沉积,两期沉积作用形成一矿层,因此在地层对比上,将开阳洋水、永温地区单独磷矿层与新寨、瓮福地区a、b矿层及夹层进行对比(图4-1)。而与开阳、瓮安地区靠近陆缘的浅海滨岸相比,遵义、丹寨等地区处于水深较大陆棚沉积相区,其陡山沱组厚度大,岩性单一,磷矿床分布不稳定,因此除地层底部特征明显的盖帽白云岩可对比外,组内中上部地层难以进行精细对比。

第二节 矿石类型特征

一、磷块岩矿物组成

(一)主要矿物——碳氟磷灰石

贵州震旦纪陡山沱组磷矿层有较为复杂多变的矿石类型,但磷块岩中的主要矿物为碳氟磷灰石(表4-1),其成分较复杂,是一种含碳酸-氢氧-氟的磷酸盐矿物,电镜下为隐晶质细小分散的混合物。薄片下呈无色或很浅的绿色,但混入较多杂质(有机质、黏土矿物、黄铁矿等),颜色变深,可以呈半透明至不透明。碳氟磷灰石在磷块岩中产出类型有:组成磷质内碎屑颗粒、藻球粒或藻纹层富集,作为磷质颗粒或陆源碎屑矿物的胶结物,作为豆粒、鲕粒的磷质同心圈层等。碳氟磷灰石在磷块岩中的产出形态特征如下。

非晶质磷灰石:分布广泛,正交镜下呈均质全消光,在扫描电镜下呈肺叶状、放射状、焰状等各种形态的超微晶粒集合体(图版17a),主要构成泥晶磷块岩、泥晶结构的磷质内碎屑及部分胶结物。

第四章 成矿地质特征

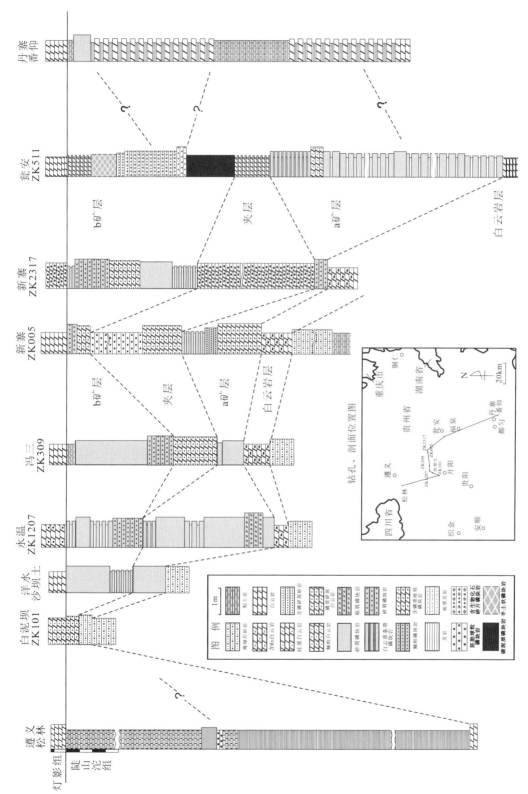

图4-1 黔中地区震旦纪陡山沱组含磷岩系柱状对比图

表 4-1 黔中各地区不同类型磷块岩 X-RD 分析数据表(单位 %)

样品编号	采样地区	矿石类型	碳氟磷灰石	石英	白云石	伊利石	方解石	长石
14MLP-5	开阳洋水矿区	砂屑磷块岩	96.51	3.5	—	—	—	—
14MLP-8	开阳洋水矿区	砂屑磷块岩	89.5	7.32	1.69	1.49	—	—
14SBT-11	开阳洋水矿区	砂屑磷块岩	64.01	1.31	34.67	—	—	—
14YSB-11	开阳洋水矿区	砂屑磷块岩	96.73	3.27	—	—	—	—
14YSB-6	开阳洋水矿区	砂屑磷块岩	93.47	3.81	2.72	—	—	—
ZK1207-2	开阳永温矿区	砂屑磷块岩	83.71	6.81	9.47	—	—	—
ZK1207-3	开阳永温矿区	砂屑磷块岩	64.13	13.34	22.54	—	—	—
ZK1207-4	开阳永温矿区	砂屑磷块岩	93.69	5.86	0.44	—	—	—
ZK1207-5	开阳永温矿区	砂屑磷块岩	71.91	6.24	21.86	—	—	—
QBS-23	息烽温泉矿区	砂屑磷块岩	79.38	10.06	4.42	6.14	—	—
QBSP-15	息烽温泉矿区	砂屑磷块岩	96.8	3.2	—	—	—	—
QBSP-17	息烽温泉矿区	砂屑磷块岩	78.29	8.68	7.22	5.81	—	—
QBSP-19	息烽温泉矿区	砂屑磷块岩	75.28	5.5	10.07	9.15	—	—
14QBSP-9	息烽温泉矿区	砂屑磷块岩	93.93	0.28	—	5.78	—	—
15QBSP-29	息烽温泉矿区	砂屑磷块岩	89.29	9.52	0.23	0.96	—	—
WA2-2	瓮福矿区(a)	球粒磷块岩	68.38	11.91	18.34	1.37	—	—
WA2-7	瓮福矿区(a)	球粒磷块岩	68.12	12.77	13.41	5.69	—	—
WA5-1	瓮福矿区(b)	生物磷块岩	32.96	0.44	66.59	—	—	—
WA6-3	瓮福矿区(b)	生物磷块岩	50.69	0.42	48.89	—	—	—
15SL-2	遵义松林	泥晶磷块岩	69.99	18.84	0.25	10.93	—	—
15SL-4	遵义松林	泥晶磷块岩	69.9	17.14	—	7.02	—	5.94
15SL-8	遵义松林	泥晶磷块岩	75.85	17.61	0.53	6.01	—	—
14FY-19	丹寨	泥晶磷块岩	73.27	12.41	14.32	—	—	—
14FY-2	丹寨	泥晶磷块岩	43.81	38.36	8.96	7.39	1.47	—
14FY-20	丹寨	泥晶磷块岩	82.25	9.08	8.67	—	—	—
14FY-3	丹寨	泥晶磷块岩	67.17	20.72	12.11	—	—	—

隐晶质磷灰石:在显微镜下呈非常细的边界比较模糊的密集微晶集合体,粒径多为0.01~6μm,大小均匀,呈粒状、柱状、片状等(图版17b,图版18f),多半由非晶质的泥晶磷块岩重结

晶形成。

层纤状磷灰石：呈长柱状或纤维状集晶（图版17c、g），常环绕磷质颗粒边缘紧密集结成纤维集晶环壳，在成岩阶段由富磷孔隙水的化学沉淀形成，磷质颗粒在海水中搬运时黏结形成围绕颗粒的环壳，使矿石呈蜂房状结构。

柱粒状磷灰石：磷灰石呈粒状或柱状晶体，粒径为0.006～0.1mm（图版17d、h），常与次生石英和玉髓伴生，系上述3类磷灰石发生硅化重溶再结晶而成。

矿物的生成顺序：非晶质磷灰石—隐晶质磷灰石—层纤状磷灰石—柱粒状磷灰石。

(二)伴生矿物

1. 碳酸盐矿物

贵州震旦纪—寒武纪磷矿层矿物中与磷灰石伴生的最常见矿物为白云石，其一般作为磷质颗粒的基质或胶结物（图版3a、h），此外在条带状磷块岩中组成白云石条带与磷质条带互层（图版3b），这两种形态的白云石颗粒一般粒径较小（<0.03mm），半自形—自形。此外，磷块岩中白云石作为后期交代沉积或次生白云石脉的产出形态也比较常见。

2. 石英、玉髓

贵州震旦—寒武纪磷矿层中石英、玉髓是与磷灰石密切共生的矿物，石英或玉髓在磷块岩中的产出形态一般有：①石英作为陆源碎屑颗粒产出（图版3g），通常以非晶质磷灰石作为胶结物，石英颗粒呈他形，颗粒大小不一；②磷质颗粒周围或磷质颗粒基质中的集晶状玉髓（图版3e），一般为水深较大的静水沉积环境下的产物；③交代磷酸盐基质的微晶质石英（图版3f），一般为早期成岩交代的产物；④磷质球粒内部自生石英晶体（图版18e）或后期石英脉充填。

3. 黏土矿物

黏土矿物一般在磷块岩中以磷矿层夹层或混杂在磷块岩中组成黏土质磷块岩（图版17e），在贵州陡山沱组磷块岩中黏土矿物分布较少。

4. 重金属矿物

贵州震旦纪—寒武纪磷矿层中黄铁矿较为常见，一般以星点状或条带状产出（图版7b、g、h），较自形，磷质颗粒或基质内均可见（图版4f），一般认为是成岩后期作用的产物。

二、磷块岩矿石类型

磷块岩与碳酸盐岩在结构上有诸多相似之处，因此在磷块岩结构划分时一般以碳酸盐岩的划分作为借鉴（陈其英，1981；刘魁梧，1985；叶连俊，1989）。黔中地区磷块岩矿石类型复杂多样，其中开阳、瓮福地区最常见颗粒结构磷块岩，包括碎屑结构（按颗粒大小可分为砾屑、砂屑、粉砂屑）、球粒、鲕粒、豆粒及生物碎屑等。陈其英（1981）将之前磷块岩中习称的"假鲕状""砂状"磷块岩统一划分为内碎屑磷块岩，并认为是一种在成矿盆地内形成的磷酸盐碎屑，为工业磷块岩矿床中的重要矿石类型。根据磷块岩内碎屑的大小，可分为砾屑、砂屑、粉屑，其中以砂砾级大小最为常见。生物结构磷块岩在瓮安地区较为常见，如藻纹层、藻球粒、叠层石磷块岩等。除此之外，泥晶结构磷块岩及陆屑胶结结构磷块岩较为少见，分别发育于古陆边缘相和陆棚相。黔中地区磷块岩沉积后往往受成岩作用影响，尤其是受暴露、淋滤作用影响较大，进而形成胶结程度极差的土状、半土状磷块岩。通过借鉴叶连俊、陈其英、刘魁梧等人磷块岩划分方法,结合黔中地区各种磷块岩结构类型特征,将黔中地区磷块岩类型划分为颗粒结构磷块岩、生物结构磷块岩、泥晶结构磷块岩、陆屑胶结结构磷块岩和淋滤交代结构磷块岩5个大类(表4-2)。

表4-2 黔中地区磷块岩矿石类型划分

结构类型		定名	胶结类型	分布地区
颗粒结构	碎屑结构	砾屑磷块岩	白云质基底式胶结	开阳、瓮福地区
		砂屑磷块岩	磷质孔隙式胶结 白云质孔隙式胶结 白云质基底式胶结	开阳地区 瓮福地区
		粉屑磷块岩	白云质基底式胶结 磷质基底式胶结 磷质孔隙式胶结	开阳新寨地区 瓮福地区
	鲕粒、豆粒结构	鲕粒、豆粒磷块岩	白云质基底式胶结	开阳地区
生物结构	团(球)粒结构	团(球)结构	白云质孔隙式胶结 磷质孔隙式胶结 磷质基底式胶结	瓮福地区
	藻叠层石	叠层石磷块岩	—	开阳、瓮福地区
	多细胞藻类	含多细胞藻类磷块岩	(碎片)白云质基底式胶结	瓮福地区
	生物球粒	含生物球粒磷块岩	白云质基底式胶结	瓮福、丹寨地区
泥晶结构		(含碳质)泥晶磷块岩	—	开阳新寨、瓮福、丹寨、遵义地区
陆屑-胶结结构		陆屑-胶结磷块岩	磷质孔隙式胶结	开阳、瓮福地区
淋滤交代结构	疏松土状结构	土状、半土状磷块岩	—	开阳、瓮福地区
	重结晶结构	重结晶磷块岩	硅质基底式胶结 白云质基底式胶结	开阳地区 瓮福地区

(一)颗粒结构磷块岩

按照磷粒类型和结构特征的不同,一般可分为团粒、鲕粒、豆粒、内碎屑和生物碎屑磷块岩等类型。

1. 团(球)粒磷块岩

常称为假鲕状磷块岩,磷质颗粒通常呈卵圆形、浑圆形,粒径小于1mm,大多数为0.1~0.2mm,其基质、胶结物多半为磷酸盐(图版3d,图版12f)。团球粒磷块岩内部由超微长柱状磷灰石晶体呈放射状排布(图版18g,h),其成因较为复杂,一般有海底软泥在成岩早期经化学和生物化学沉积作用或黏结聚集的磷酸盐经过滚动、磨蚀而成;此外可以使藻类或细菌经同化作用或黏结聚集的磷酸盐滚动、磨蚀而成。团粒磷块岩为瓮福矿区a矿层磷块岩的主要矿石类型,在开阳地区较为少见。

2. 鲕粒、豆粒磷块岩

组成矿石的磷质鲕粒呈卵圆形或圆形,大小与团粒相仿,均具有典型的同心圈层构造(图版1a,图版3c)。鲕粒的核心可以是各种磷块岩破碎后形成的碎屑颗粒,也可以是一个生物屑或富有机制软泥,还可以是破碎了的磷质鲕粒;磷质鲕粒的核心既可以是磷质的,也可以是非磷质的;鲕粒的同心圈层常常是隐晶质或非晶质的磷质壳层相互包叠,有时则可以是磷质与碳酸盐质或硅质泥质的圈层相间叠覆。磷质豆粒一般直径大于2mm,同鲕粒相似,也有磷酸盐的同心圈层;豆粒的核心可以是砂质磷块岩的碎屑或者是破碎了的鲕粒,也可以是隐晶质的磷灰石集合体。鲕粒、豆粒磷块岩多形成于潮下高能浅滩搅动的水体环境下。鲕粒磷块岩需要较高能的水环境,基质主要为白云石颗粒,在开阳永温、新寨勘查区均有一定分布。

3. 碎屑颗粒磷块岩

碎屑颗粒磷块岩是贵州震旦纪—寒武纪磷块岩中最为普遍的产出形态,也是含磷品位较高的一类磷块岩,按照碎屑颗粒的大小可分为砾屑、砂屑、粉砂屑等,其成因可分为类似碳酸盐岩中水流破碎形成内碎屑的机械破碎成因和通过暴露、淋滤后胶泥质脱水陈化的泥裂成因。

1)砾屑磷块岩

由含量大于50%的磷质砾屑组成(图版1b,图版2e,图版8d,图版11a、b),砾屑直径大于2mm,典型砾屑磷块岩的磷质砾屑大小多为1～5cm;砾屑平面为扁平的饼粒,纵切面为竹叶状(图版3h);砾屑有不同的磨圆度,从菱角状到半浑圆状,部分砾屑可见相互挤嵌、塑性变形等现象,说明它们是在尚未完全固结石化之前就受到冲刷破碎堆积胶结而成的;砾屑受水流搬运的影响,有时呈叠瓦状排列。砾屑磷块岩一般出现在滨岸带或水下高地附近,是浅滩、潮道等高能环境下的沉积标志,在开阳地区广泛发育。

2)砂屑磷块岩

内碎屑磷块岩中最重要的结构类型,肉眼下一般为致密结构,放大后可见砂屑颗粒(图版18a、b),磷质砂屑的粒径为0.2～0.5mm,较多的为0.2～0.3mm,在矿石中含量为50%～90%;砂屑为菱角状、半菱角状至浑圆状;砂屑内部为短柱状超微磷灰石晶体集合体(图版17b,图版18c、f),主要由泥晶磷块岩、隐粒泥晶磷块岩破碎颗粒组成,也见各种颗粒磷块岩和生物磷块岩的砂屑。矿石的胶结物有磷质、碳酸盐质、硅质和泥质4种,前三种分布广泛。且一般当胶结物为磷质时,砂屑的分选、磨圆较差;而当胶结物为碳酸盐或硅质时,砂屑的分选性和磨圆性明显变好。砂屑磷块岩的成因一般为水流机械破碎成因。机械破碎成因即在水体较浅的滨岸带,沉积形成的胶磷矿泥晶受海水反复冲洗、破碎,形成分选、磨圆较好的磷质砂屑颗粒(图版4a～h),此种矿石一般产于潮坪、浅滩等高能环境;此外一般为已沉积形成的胶磷矿泥晶在早期成岩过程中,受海平面下降影响遭受暴露、淋滤影响,胶磷矿受破碎,泥晶脱水陈化,进一步收缩凝聚形成的大小不一、似菱角状的"砂屑"颗粒(图版5a～c),此种磷块岩成因环境变化复杂,一般为静水低能环境下形成的泥晶磷块岩成因过程中暴露于海平面以上造成脱水、冲刷破碎,泥晶并最终缩聚为颗粒。砂屑颗粒在成因过程中一般均会受到亮晶显微状磷灰石包壳的再次胶结,最终形成高品位磷矿石,此种类型的磷矿石同样也是开阳地区最主要的磷块岩类型。

3)粉(砂)屑磷块岩

粉屑磷块岩与砂屑磷块岩有很多相似之处,磷质粉屑的粒径为0.1～0.01mm(图版12e),多由泥晶磷块岩或隐球粒磷块岩破碎产生,除了粒度较细以外,粉屑磷块岩中泥质沉积物较多,胶结物以泥晶结构的磷酸盐和泥质混杂物为常见,硅、磷质胶结物的矿石也不少见。本类矿石同砂屑磷块岩相似,砂屑颗粒同样受水流冲刷、破碎而成,但水动力条件相对较弱,一般产出于水体较深的中—低能环境中。粉屑磷块岩仅在开阳新寨地区发育较普遍,在其他地区分布较局限。

(二)泥晶结构磷块岩

主要为泥晶磷块岩,矿石呈灰至深灰色,致密,均匀,坚硬,外表像泥岩、泥灰岩或燧石岩(图版5d、e),由隐晶质或微晶质的碳氟磷灰石组成,但常常有泥质、碳酸盐质和有机(碳)质,由于磷灰石晶粒很细,普通偏光显微镜下很难观察到矿物的光性显示,质地较纯的矿石表面常见细的干缩裂纹;反之,当含泥质和有机质较多时,表面呈很不清晰的云雾状,有些矿石发现藻丝体、细菌或其他生物遗迹。在开阳、瓮安地区此种磷矿石类型比较少见,一般分布于潮下低能带或台地边缘过渡相或盆地深水相,一般很难出现单独大型矿床。

(三)生物结构磷块岩

本类矿石是由比较完整的磷质生物组成的磷块岩矿石,与遭受破碎的磷质生物碎屑不同,其中在贵州磷矿层中分布广泛的为藻叠层石磷块岩、藻纹层磷块岩及藻球粒磷块岩,其生物作用的磷矿石含磷品位较高。

1. 叠层石磷块岩

组成磷块岩矿石的磷质叠层石按其形态特征分为层状、弯状和锥状3种基本类型,它们分别由亮暗相间的磷质纹层叠置的层状体、弓状纹层叠置的柱状体和呈锥状纹层显置的柱状体所组成,柱体本身常为较纯的隐晶质磷酸盐组分,而柱体之间则主要由白云石、硅质、泥质和磷质细颗粒或磷质泥晶所充填。柱体内部由亮暗相间的磷质纹层即通常所谓的富藻层和富屑层互相叠覆生长而成;暗带主要由富合有机质和微生物化石碎片的碳氟磷灰石组成。

根据显微镜的观察,叠层石柱体质地较纯,几乎全部由磷酸盐组成,而柱间物中则含有大量的碳酸盐及泥质物,柱体和柱间二者界线明显,成分和颜色各异,说明藻叠层石柱体原来的成分就是磷质的,它是以藻类为主的微生物在其生命活动时的直接产物,在局部地方确有磷酸盐交代碳酸盐叠层石而成磷质叠层石。如灯影组的某些磷质叠层石,它们具有清晰的交代结构,而且其分布的规模和范围都不大。其形成环境主要是潮间带下部,并可延伸到潮下带上部。叠层石磷块岩在息烽、开阳、瓮安地区均有发育,但叠层石类型有所差别。息烽、开阳地区叠层石磷块岩柱体有泥晶磷质受藻类微生物黏结叠覆生长,叠层石柱体呈锥状或弯状(图版2f、g、h),柱体之间充填有磷质砂屑颗粒(图版5f、g,图版15h),其形态与开阳地区普遍发育的砂屑磷块岩形态相类似;瓮安地区地层是磷块岩主要发育于灯影组内(图版14f、g,图版16b、c),由锥状磷质柱体和白云石叠置生长而成(图版5h)。

2. 多细胞藻类磷块岩

多细胞藻类磷块岩一般有藻类黏结磷质而成,可见清晰的藻类化石,由藻类黏结磷质形成 $3\sim 10\mu m$ 的藻类集合体聚集分布(图版6a、b)。藻类生长一般在表层海水透光层,需要充足的氧分和营养物质,有藻类生物不断聚集并黏结磷质,最终形成品位较高的磷块岩矿石类型,由于受藻类生长环境限制,多细胞藻类磷块岩分布并不广泛,仅在瓮安地区b矿层中可见。

3. 生物球粒磷块岩

生物球粒磷块岩即磷酸盐化的胚胎动物化石,呈圆球粒状(图版1g、h,图版6c、d,图版11f)可见球粒外包壳和囊内部结构,粒径为0.5~1mm,可见分裂生长,颗粒内部可见微粒磷质颗粒,推测为胚胎细胞早期分裂(图版6e、f),胶结物一般为白云石。生物球粒为比较高等的生物化石,需较温暖且氧分充足的低能静水环境,分布较局限,仅在瓮安 b 矿层可见,即瓮安生物群,磷质主要集中于生物球粒中,磷质品位不高,此外在丹寨地区泥晶磷块岩中也可见类似生物球粒(图版 6g、h)。

4. 陆屑-胶结结构磷块岩

矿石中有大量陆源碎屑,包括石英、长石、燧石和各种岩屑,陆源碎屑颗粒有一定的分选、磨圆(图版 3g)。磷灰石在其中主要以泥晶磷酸盐作为陆源碎屑胶结物的形式产出,其次还有作为磷质内碎屑、磷质鲕粒或豆粒产出,但比较少见。由于陡山沱期扬子地台鲜有陆地暴露,此种结构的磷块岩分布较为少见,一般形成于滨岸带的浅滩环境,仅在开阳永温矿区部分钻孔中可见。由于在成磷过程中陆源碎屑的不断稀释,此种结构的磷块岩品位一般较低。

(五)淋滤交代结构磷块岩

1. 疏松土状结构

疏松土状结构磷块岩往往呈土状、半土状(图版 7d,图版 11g、h),胶结程度极差,为风化、淋滤、交代作用的综合产物。可以为上覆地层的磷块岩经长期风化、淋滤迁移到周边地层的低洼侵蚀面、溶洞之中,也可是海平面下降原地暴露而成,因此受改造后的土状、半土状磷块岩其原始形态结构受较大破坏,但由于无用元素的流失,往往有极高的含磷品位,在开阳、瓮福地区部分层位有广泛发育。

2. 交代、重结晶结构

交代、重结晶作用伴随磷块岩成岩作用,在黔中地区磷块岩中普遍发育,一般矿石内的白云质、硅质胶结物最易受交代、重结晶作用影响,磷酸盐的交代作用也非常普遍,通常是碳酸盐粒间富磷孔隙水对碳酸盐逐渐交代形成的,部分碳酸盐岩叠层石也可以是由于早期成岩交代而成为磷质叠层石,此外磷灰石及白云石胶结物在成岩期也会受硅质交代(图版 3e),且重结晶作用也较普遍,磷灰石重结晶后变为长柱状、短柱状或丝状晶体(图版 17d、h,图版 18d)。

三、磷块岩胶结物结构类型

黔中地区磷块岩的胶结物按化学成分可划分为碳酸盐质胶结物、磷质胶结物、硅质胶结物和泥质胶结物,此外多种胶结物混合胶结类型的磷块岩也较常见。

1. 碳酸盐质胶结物

白云质胶结物为磷块岩中最常见胶结物类型,根据白云石形态可分为亮晶白云石胶结物、泥晶白云石胶结物和重结晶白云石胶结物。其中白云石亮晶较为纯净,晶体结晶较好,常见细晶($0.05\sim0.25$ mm)和中晶($0.25\sim0.5$ mm),白云石颗粒充填于磷质砂屑颗粒间孔隙(图版 4e)或基底式胶结磷质颗粒(图版 4g、h),为磷质砂屑形成后颗粒间孔隙水碳酸盐质沉积形成的白云石;磷质砂屑颗粒一般有较好的分选、磨圆,在浅海高能环境中形成。泥晶的白云石通常呈基底式胶结磷质颗粒,磷质砂屑颗粒形状不规则,分选、磨圆较差(图版 3b),为波浪打碎原地胶结或原先沉积的泥晶磷灰石泥裂后白云石充填,表明水动力条件相对较弱的沉积环境。重结晶白云石一般为中-粗晶白云石(>0.25 mm)紧密镶嵌于粒间孔隙,有些则表现为嵌含结构,即白云石胶结物发生重结晶形成大片连晶,将磷质颗粒嵌含其中(图版 3a),一般为成岩过程中由泥晶中细晶白云石重结晶演变而成。

2. 磷质胶结物

黔中地区磷块岩中的磷质砂屑颗粒往往存在磷质等厚环边胶结,呈纤状晶体围绕磷质颗粒生长,纤晶干净明亮,磷灰石晶体呈长柱状垂直颗粒外壁,纤晶常为多层,为颗粒形成后第一期胶结的产物,单层厚度比较均匀(图版 5b、c),由孔隙水中的磷以纤状亮晶形式沉淀而成,为活跃的海水潜流环境的代表性结构,由等厚环边接触式胶结的磷块岩磷质品位极高。颗粒间磷灰石泥晶胶结物也比较常见,磷灰石泥晶($<5\mu m$)可呈基底式胶结磷颗粒,但在开阳地区较为少见,通常磷灰石泥晶分布于粒间孔隙中,颗粒(磷质或陆源碎屑)堆积较紧密,分选、磨圆较好,形成环境的水动力较强,在成磷事件初期磷质海滩近陆源输入端较为常见。磷泥晶孔隙式胶结的磷质颗粒一般均有前期的磷质等厚环边胶结,磷灰石纤状亮晶围绕颗粒外缘生长,但并未长满全部孔隙,剩余孔隙又被后来的磷灰石泥晶充填,从而形成纤状环边叠加泥晶孔隙充填的联合结构形式(图版 4a~c),为开阳地区最为常见的高品位磷块岩类型,是多期次磷质胶结作用的产物,显微状亮晶生长时为海水潜流环境,泥晶磷灰石充填时表明胶结环境改变(如上升到海水渗流带),从而导致胶结结构的变化。

3. 硅质胶结物

黔中地区硅质胶结物可分两种:一种为原生微晶石英呈紧密微粒($<0.01mm$)胶结磷质颗粒,多为基底式胶结(图版 15b、c),也可见孔隙式胶结(图版 3f),该胶结类型结构多出现在水体较深、水动力条件较弱的潮下低能带或局限浅水盆地;另一种为亮晶—粗晶石英胶结,石英晶体颗粒一般较大(大于 0.05mm,可达 0.5mm),晶体洁净明亮,结晶程度较好,主要呈粒柱状,向孔隙中心晶粒逐渐增大,经进一步成岩作用,中—粗粒晶体镶嵌于磷质颗粒的孔隙中,石英胶结物常出现交代磷质颗粒的现象(图版 3e),此种胶结物类型一般为成岩过程中石英重结晶或交代碳酸盐矿物形成的,黔中地区的硅质胶结物多为此种。

4. 泥质胶结物

黔中地区磷块岩类型中泥质胶结物较为少见,一般夹杂在磷质、碳酸盐质胶结物中,含量较少,泥质胶结物一般出现在较低能的静水环境中。

5. 混合胶结物

黔中地区磷块岩中往往发育多类型、多期次胶结物,其中磷质等厚环边加白云质亮晶充填胶结最为常见,这是介于磷质和白云质胶结物之间的一种过渡型胶结结构。第一世代胶结物为磷质纤状环边胶结物,第二世代为白云石亮晶,颗粒的分选性、磨圆度都较好(图版 4d、f、g),说明是浅水高能环境中形成,但其胶结环境发生过一次大的变动,致使两个世代的胶结物成分不同,该结构为海水潜流带上部的产物,而潜流带上部在早期成岩阶段环境是多变的。此外,磷质泥晶孔隙充填加白云质、磷质胶结也较常见,磷质砂屑颗粒之间由磷质泥晶胶结,随后沉积环境发生改变,原先胶结完成的磷块岩受破碎或泥裂影响,孔隙中重新充填白云质、硅质胶结物(图版 4h),是多期次海平面升降导致沉积环境改变的产物。

第三节 沉积（矿石）相类型

1. 陆源碎屑岩相

F1 海绿石石英砂岩

主要由灰绿色中—粗粒含海绿石石英砂岩组成（图版 9a），主要矿物颗粒为石英碎屑颗粒（图版 12a），分选较好，磨圆中等，粒径为 0.2~0.4mm，含量为 90% 以上，海绿石颗粒呈椭圆状，粒径约为 0.1mm，含量小于 5%，局部地区偶含磷质碎屑，除此之外碎屑颗粒还含有少量长石、黏土矿物及黄铁矿，颗粒支撑。本岩相砂岩主要分布于开阳地区陡山沱组底部，主要由中粗粒石英碎屑颗粒组成，含少量海绿石颗粒，一般为中厚层状，层内可见中—大型板状、楔状交错层理（图版 8b），表现为无障壁高能海滩的沉积环境特征。

F2 含砾海绿石石英砂岩

砾石主要呈椭球状—竹叶状（图版 8a、c），少数为不规则碎屑状，砾石成分主要为周边及下伏地层内的灰绿色砂岩、粉砂岩，砾石大小不一，分选较差，磨圆较好，砾径大小为 0.5~3cm，含量为 20%~30%，砾石长轴呈近水平—直立状（图版 8c），基质成分为与 F1 岩相类似的中粗粒海绿石石英砂岩，局部地区基质成分为粉砂岩。本岩相主要分布于开阳地区陡山沱组底部，含砾岩层底部往往发育冲刷面，砾石较差的分选、较好的磨圆及竹叶状的砾屑分布指示了滨岸浅水高能沉积环境，同时存在突发水体如风暴作用激荡、冲刷、快速堆积。

F3 含海绿石砂泥岩

深绿色—灰绿色含泥质细纹层的砂岩、粉砂岩，一般砂泥含量比为 10∶1~5∶1，泥质纹层宽 0.1~0.5cm；砂岩层一般由石英、长石等陆源碎屑颗粒组成，分选中等，磨圆中等—较差，含少量椭球形海绿石颗粒；泥质纹层呈黄绿色，呈小型波状纹层状分布于砂岩层内，局部呈压扁层状或变形为"包卷状"。本岩相主要发育于瓮安、开阳等近岸地区，砂岩、粉砂岩与泥质细纹层的不规则互层构成脉状、波状层理（图版 9b、c），一般为潮汐环境下的沉积产物。

2. 碳酸盐岩相

F4 盖帽白云岩

盖帽白云岩层一般直接覆盖于南沱组冰碛砾岩之上，主要由细—微晶白云岩组成，岩层厚度为 1~3m，层内破碎强烈，席状裂隙十分发育，等厚边缘胶结物充填于这些裂隙中（图版 9d），局部可见帐篷构造及瘤状突起，瘤状突起周缘夹重晶石层（图版 9e），重晶石呈直立放射状生长（图版 9f），层厚 0.5~1.5cm。盖帽白云岩层在瓮福地区及丹寨、遵义地区均有出露，在浅海及陆棚沉积环境中均有发育，为新元古代末期冰期结束后全球环境突变导致海水中 CO_2 含量激增，白云岩快速沉积的产物。

F5 含锰质微晶白云岩

灰色—灰白色微晶白云岩，白云石成分一般占 90% 以上，白云石普遍重结晶化，因局部含有锰质类质同象而呈现肉红色（图版 9g、h），岩层受后期成岩作用或构造作用影响，层内破碎、脉石穿插现象普遍，局部地区硅化作用严重，往往形成硅化白云岩或硅质岩层。含锰质白云岩层在开阳及瓮安地区均有较普遍发育，产出层位往往在陡山沱组底部海绿石砂岩层之上，厚度一般小于 3m,指示冰期结束初期海侵规模不断扩大,滨浅海环境中 Ca、Mg 及碳酸盐含量渐增,近岸浅海地带逐渐由陆源碎屑沉积转变为碳酸盐岩沉积。

F6 含溶蚀孔洞古喀斯特白云岩

灰白色微晶白云岩,层内溶蚀孔洞十分发育(图版 2b,图版 10a、b),孔洞大小不一,孔洞内有自生生长的石英或方解石晶体,由碳泥质或磷质充填(图版 2b,图版 10b),层内也可见少量下伏或异地磷矿层的磷质砾屑(图版 2d),指示白云岩沉积后期受水体变浅、暴露侵蚀作用影响,并伴随一定的淡水硅化。古喀斯特白云岩层主要在两个层位有分布,其一为开阳新寨、瓮福地区 a、b 矿层之间的夹层,其二为黔中地区广泛发育的灯影组底部;白云岩层内暴露标志明显,存在沉积间断,两个层位的古喀斯特白云岩层位分别代表了陡山沱中期和灯影初期两次海平面下降造成的古暴露事件。

3. 磷块岩相

F7 中粗粒砂屑磷块岩

本岩相磷块岩由磷质砂屑颗粒组成(图版 3a、e、f,图版 4a~h,图版 5a~c),颗粒粒径一般为 0.2~0.5mm,多数集中在 0.3~0.4mm 之间,颗粒呈卵圆—棱角状,磨圆不一,分选较好,颗粒内部无明显结构构造,颗粒周缘往往发育等厚纤维状磷质包壳,颗粒含量为 50%~90%,一般在 75% 以上,主要为颗粒接触胶结或磷质泥晶胶结,少量含白云质胶结物;本岩相一般在肉眼下为致密块状结构(图版 1c,图版 10c),部分胶结程度较差,含溶蚀孔洞等(图版 1d,图版 10d),中—厚层状,岩层整体均匀,无条纹、层理一类的沉积构造。此种矿石类型为开阳地区最为广泛发育的矿石之一,在偏光显微镜镜下可见到此种磷块岩磷质颗粒一般为中砂—粗砂级,颗粒排列紊乱、无定向性,颗粒含量较高,胶结物一般在颗粒间孔隙中形成,颗粒形态从菱角状至卵圆状均有发育,而岩层表面无明显的沉积构造,推测为水流机械破碎先前沉积或同沉积的泥晶磷质形成砂屑颗粒,砂屑颗粒迅速堆积、沉降、胶结,最终形成此种岩相,指示水体较浅、水动力较强的滨岸带沉积环境。

F8 纹层状中粗粒砂屑磷块岩

主要由磷质砂屑颗粒组成,与 F7 岩相类似,颗粒粒径一般为 0.2~0.5mm,多数集中在 0.3~0.4mm 之间,但颗粒一般呈椭圆形至半菱角状,有一定的分选、磨圆,且颗粒排布长轴方向趋向一致,呈近水平方向排列,颗粒含量一般在 70% 以上,颗粒接触胶结或磷质、白云质泥晶胶结;岩层宏观上一般可见水平纹层(图版 8e、h)或斜纹层(图版 8g),纹层方向为颗粒长轴排列方向(图版 12b~d),为平行纹层或交错层理。纹层状中粗粒砂屑磷块岩在开阳地区有非常广泛的发育,具有一定定向性的中粗粒颗粒排列指示内碎屑颗粒受水流机械作用破碎、改造,最终沉积形成含平行纹层或交错层理的砂屑磷块岩,指示水动力较强的无障壁浅水海岸沉积环境,一般为前滨带下部—临滨带上部沉积环境。

F9 纹层状细粉粒砂屑磷块岩

组成本岩相的碎屑颗粒主要为细—粉砂屑磷质颗粒(图版 12e),粒径一般为 0.05~0.2mm,颗粒形态不一,分选、磨圆一般,颗粒长轴方向存在一定的定向排列,颗粒含量为 50%~70%,除磷质颗粒外,夹杂有石英、黏土矿物等陆源碎屑颗粒,粒径一般为 0.01~0.1mm,颗粒成熟度较低,含量为 10%~20%,散布于磷质颗粒之间,少数赋存于磷质颗粒中;

一般为泥晶磷质或硅质胶结。岩层宏观现象与F8岩相类似,但其纹层更为细密,可见水平纹层(图版10e)或波状纹层(图版10f),纹层方向与磷质颗粒排列方向相同。本岩相一般发育于开阳新寨地区或瓮安局部地区,磷质碎屑颗粒与陆源碎屑颗粒一般为细—粉砂级,发育水平纹层及波状纹层,且胶结形态一般为磷质泥晶基底式胶结,表明此种岩相处于水动力相对较弱的沉积环境中,一般为无障壁海岸临滨带下部-过渡带环境或障壁海岸潮间带-潮上带环境。

F10 致密状团球粒磷块岩

虽然致密状团球粒磷块岩(图版10g)宏观上与致密砂屑磷块岩相似,但团球粒与磷质碎屑颗粒不同,磷质团球粒通常呈卵圆形、浑圆形(图版3d,图版12f),粒径小于1mm,大多数为0.1～0.2mm,且球粒周缘一般无磷质等厚环边,胶结物多半为磷酸盐或碳酸盐,肉眼观察与F7岩相极为相似,但超微形态下可观察每个磷质团球粒均由无数个放射状纳米级磷质晶体集合体组成。团粒磷块岩为瓮福矿区a矿层磷块岩的主要矿石类型,在开阳地区较为少见,其成因与生物活动密切相关,可能为生物作用黏结、滚动、磨蚀而成,形成环境一般为氧分、营养物质充足的浅水带,一般为潮间带-潮下带的沉积产物。

F11 含竹叶状砾石磷块岩

竹叶状砾石主要为磷质砾石,此外砾石成分还混有含海绿石石英砂岩及锰质白云岩砾石(图版1b,图版2e,图版8d,图版11a、b),竹叶状砾石一般大于2mm,大多为1～5cm,竹叶状砾石含量为10%～50%,砾石间混有磷质砂屑颗粒,磷质颗粒一般分选较差,中—粗砂级,形态与F7岩相相似,含量为30%～50%,主要为白云质基底式胶结(图版3h,图版15a)。竹叶状砾石磷块岩在开阳、瓮安磷矿层分布广泛,磷质砂屑一般为砂屑磷块岩破碎而成,砂岩砾石及含锰白云岩砾石也指示其来自下伏地层,竹叶状砾石或呈直立放射状分布(图版8d,图版11b),或呈近水平分布(图版1b,图版11a),表明本已沉积的砂屑磷块岩又受到水流机械作用破坏、搬运、再沉积,指示了水体动荡、水动力较强的滨岸带高能环境,也可能为突发性水体,如风暴作用激荡、冲刷、沉积的结果。

F12 含白云石条带磷块岩

由磷质砂屑颗粒条带和白云石条带组成的条带磷块岩中(图版1e、f,图版10h),磷质砂屑颗粒形态与F8或F10岩相中磷质颗粒相似,为磷质内碎屑颗粒或磷质团球粒,颗粒间多被白云石胶结,磷质条带与白云质条带比值一般为2:1～10:1;白云石条带宽度为0.1～2cm,水平穿插于磷质层中,白云石条带主要由细—微晶白云石组成,含少量磷质碎屑颗粒(图版3b)。含白云石条带磷块岩在开阳地区和瓮安地区a矿层中广泛发育,开阳地区一般为磷质内碎屑颗粒夹白云石条带,瓮福地区一般为磷质团球粒夹白云石条带;一般认为白云质条带的出现受成磷期海水地球化学条件影响,海平面频繁升降与深部海水供磷量出现间歇性变化,海水含磷量随之改变,当海水磷质供给不足,孔隙水磷质减少,白云质增加,磷质颗粒间胶结物变为白云质,甚至出现白云石条带。

F13 (碳)泥晶质磷块岩

(碳)泥晶磷块岩中磷通常以泥晶基质的形式存在,混有大量粉屑石英、黏土及碳泥质杂质(图版12g、h),因此含磷品位极不稳定,一般呈灰黑色—黑色薄层状产出,含极细的水平纹层,岩层单层厚度一般小于2m。瓮福地区b矿层底部(图版11c)及丹寨(图版11e)、遵义(图版11d)地区均发育此岩性,在开阳地区几乎不可见;(碳)泥晶磷块岩一般指示水体较深、能量较低的深潮下带或陆棚相沉积环境。

F14 生物作用磷块岩

为生物作用直接形成的原生磷块岩类型,主要可分为叠层石磷块岩(图版 2f~h)或生物化石磷块岩(图版 1g,h,图版 6a~f,图版 11f),其化石以磷酸盐成分保存,形态较完整,一般未遭受水流破碎,其品位与岩层化石保存量相关,磷酸盐化石一般由白云质成分胶结,包含少量磷质碎屑颗粒。叠层石磷块岩在开阳、瓮福地区均有分布,生物化石磷块岩仅在瓮福地区 b 矿层发育,其形成环境一般为浅水透光带,生物化石保存完整表明水环境较低能。

F15 土状、半土状磷块岩

岩层胶结程度极差,呈渣土状或半土状形式产出(图版 7d,图版 11g,h),半土状磷块岩可见广泛分布的溶蚀孔洞,岩石硬度低,易碎,但含磷品位极高。本岩相在开阳地区磷矿层中广泛发育,瓮福地区 b 矿层顶部也有分布,一般为 F7、F8、F10、F12 遭受暴露风化、淋滤作用而成,由于矿物风化特性,碳酸盐岩矿物最易风化,磷酸盐矿物较为稳定,且初期磷块岩中常见的 Ca^{2+}、Mg^{2+}、Na^+、K^+、CO_3^{2-}、SO_4^{2-}、Cl^- 等元素是易迁移元素,因此淋滤作用使磷块岩中的碳酸盐岩胶结物、条带及无用元素流失,使磷块岩品位提升,为典型的二次成矿作用产物。

第四节 含磷岩系沉积层序与海平面变化

新元古代晚期雪球事件后,气候转暖,扬子板块东南缘发生自南东到北西方向的大规模海侵,并在陡山沱期沉积了一套主要由碎屑岩、碳酸盐岩夹磷块岩构成的混合沉积序列(Zhu et al,2007;刘静江等,2015)。前人依据扬子板块陡山沱组岩相组合特征划分多个海侵-海退沉积层序(密文天等,2010;杨爱华等,2015),表明陡山沱期古海洋处于较为动荡的环境,海平面升降频繁。成磷事件方面,冰期结束后上升洋流伴随海侵携带富磷海水进入扬子板块浅水地带,浅海台盆、海湾以及水下隆起边缘地带成为有利成矿区,其中黔中古陆周缘、鄂西台地等地区均有富磷矿层发育(叶连俊等,1989;密文天等,2010;She et al,2013、2014),此外黔西遵义松林地区、黔东陆棚如丹寨番仰地区水体相对较深,但磷质以泥晶或结核形式沉降,虽未形成磷矿层,但局部地区形成了高品位磷块岩矿石(吴祥和等,1999;陈国勇等,2015)。灯影期开始海侵较早前扩大,海水基本淹没扬子地台,进入稳定的台地相碳酸盐岩沉积,成磷事件基本结束(刘静江等,2015)。

黔中地区新元古代末期地处扬子板块东南缘古陆周缘浅水海岸,沉积水体整体较浅,由于缺乏生物化石带和地层年龄证据,本地区与宜昌三峡地区陡山沱组层型剖面为标准划分的 4 个岩性段的区域地层对比存在一定困难。由于开阳地区水深更浅,陡山沱组普遍较薄,且暴露侵蚀面发育,地层发育不完整,沉积层遭受破坏较严重,因此本次研究选取地层厚度较大的瓮福地区陡山沱组进行层序划分,恢复陡山沱期海平面变化过程,进而研究海平面进退对成磷成矿作用的影响。

瓮福地区位于黔中古陆东缘浅水海岸环境,陡山沱组与下伏冰碛砾岩层呈不整合或假整合接触,陡山沱组底部一般发育盖帽白云岩沉积,近陆源地区相变为含海绿石的砂岩、黏土岩沉积,其上逐步变为含白云石条带、条纹的砂屑、球粒磷块岩沉积,即 a 矿层沉积,砂屑、球粒磷块岩多为潮间-潮下带环境,白云质条纹的存在表明海平面升降频繁,海水震荡,导致海水沉积条件不断变化。a矿层之上沉积遭受暴露、侵蚀、次生硅化作用严重的夹层白云岩,发育典型的喀斯特侵蚀面,表明海平面大幅度下降导致沉积间断。随后b矿层底部发育黑色碳质磷块岩,有机质丰富,为海平面快速上升形成最大水深时的沉积产物。b矿层主要发育生物化石磷块岩,生物化石丰富多样,部分被水流破碎形成碎片保存于矿层中,层内发育波状、透镜状纹层,受水流改造明显。向上发育的稀松土状、半土状磷块岩胶结程度极差,为海平面再次下降,原矿层受暴露、侵蚀、淋滤的影响造成的。暴露面之上沉积微晶白云岩偶夹磷质条带,为海平面再次上升的产物,但局部层位存在泥裂等暴露现象,表明海水仍处于较动荡条件。

黔中地区陡山沱期大体可划分为两次海平面升降和一次海平面上升事件,瓮福地区陡山沱组可划分为两个半层序(图4-2)。盖帽白云岩底面即与冰碛砾岩的不整合面为层序1的底界,沉积岩性伴随海侵的不断进行从陆源碎屑岩—碳酸盐岩—磷质岩不断变化,在海侵体系域沉积背景下发育a矿层条纹状球粒磷块岩,其中致密状球粒—泥晶质磷块岩为最大海泛期沉积产物,之上伴随海平面震荡再次发育条纹状球粒磷块岩,随后水平面不断下降,形成溶蚀孔洞发育的白云岩、硅化白云岩层,其顶面为喀斯特侵蚀面,即为层序1的顶界和层序2的底界。第二次沉积序列以夹层白云岩顶面为底界,海水迅速侵入,发育深潮下带黑色碳质磷块岩,随后海平面迅速下降,水平破碎已沉积的碳质磷块岩,随后海平面趋于稳定,在高水位体系域沉积背景下形成生物化石丰富的b矿层沉积,b矿层顶部磷块岩呈土状、半土状,为暴露、风化、侵蚀作用形成的淋滤型磷块岩,代表一次古暴露事件,其暴露面即为层序2的顶界。随后再次发育含磷质条带的微晶白云岩沉积,为第三次海侵背景下的沉积产物,其底界即b矿层顶部的暴露面。

通过对瓮福地区地层层序划分和海平面升降分析,初步将黔中地区陡山沱期划为两次大的海侵-海退事件和一次海侵事件,海平面的不断震荡导致了磷质岩、碳酸盐岩的交替沉积,水动力的不断改变对磷块岩的机械富集有重要影响,而且海平面下降导致的暴露事件造成磷块岩的淋滤、流失无用元素,使矿石品位大幅提升。由于黔中地区处于近岸浅海,水体更浅的开阳地区受海平面升降影响更为强烈,导致地层受冲刷、暴露改造更为明显,含磷岩系发育不完整,海平面升降转换面有缺失,因此很难通过开阳地区陡山沱组准确还原沉积层序和海平面升降过程,但开阳地区受水流簸选、暴露淋滤作用影响更大,因此开阳地区往往有极高的矿石品位。

第五节 沉积古地理特征

一、定量岩相古地理重建

本次研究首次利用定量岩相古地理学方法理论对开阳地区震旦纪陡山沱期沉积型磷矿床进行研究。定量岩相古地理学属岩相古地理学范畴,是在传统的古地理学基础上发展起来的岩相古地理研究及作图新思路。定量,即在古地理图中,各个古地理单位的划分和确定都有定量的资料和基础图件为依据(冯增昭等,2013)。定量岩相古地理学是由冯增昭教授始创,首先提出并使用"单因素作图法"作为定量岩相古地理学的方法论。"单因素作图法"后改称"单因素作图综合作图法",最终定名为"单因素分析多因素综合作图法"(冯增昭等,2004),是经过冯增昭教授30余年对岩相古地理学的系统调查研究、科学创新和实践应用,最终形成的这一成熟的定量岩相古地理学方法论,运用此方法所编制的定量岩相古地理图资料详细、内容丰富,

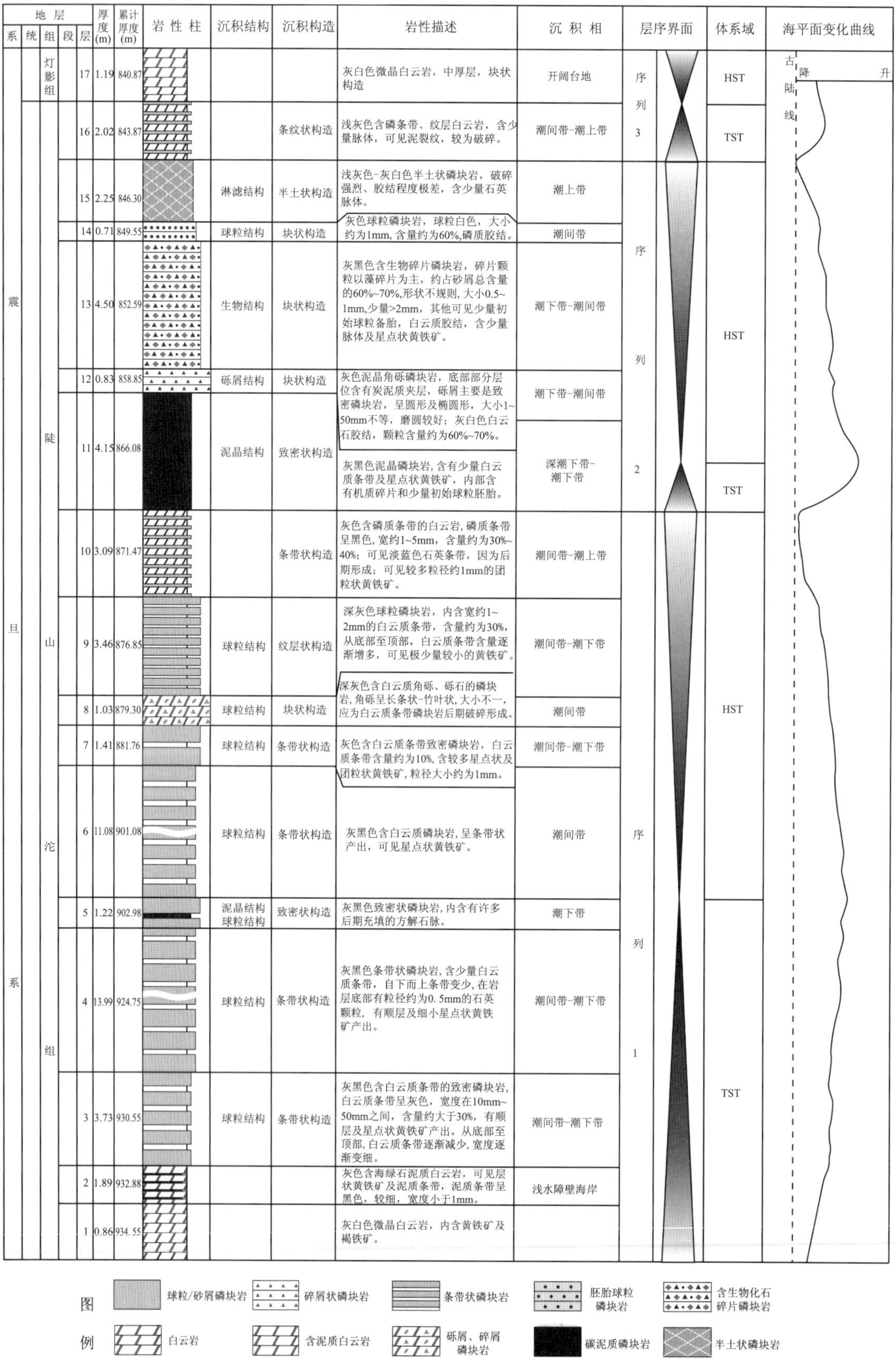

地层				层	厚度(m)	累计厚度(m)	岩性柱	沉积结构	沉积构造	岩性描述	沉积相	层序界面	体系域	海平面变化曲线
系	统	组	段											
震旦系		灯影组		17	1.19	840.87				灰白色微晶白云岩，中厚层，块状构造	开阔台地	序列3	HST	古陆线 降 升
		陡山沱组		16	2.02	843.87			条纹状构造	浅灰色含磷条带、纹层白云岩，含少量脉体，可泥裂纹，较为破碎。	潮间带-潮上带		TST	
				15	2.25	846.30		淋滤结构	半土状构造	浅灰色-灰白色半土状磷块岩，破碎强烈，胶结程度极差，含少量石英脉体	潮上带	序列2	HST	
				14	0.71	849.55		球粒结构	块状构造	灰色球粒磷块岩，粒径白色，大小约为1mm，含量约为60%，磷质胶结。	潮间带			
				13	4.50	852.59		生物结构	块状构造	灰黑色含生物碎片磷块岩，碎片颗粒以藻碎片为主，约占砂屑总含量的60%~70%，形状不规则，大小0.5~1mm，少量>2mm，其他可见少量初始球粒备胎，白云质胶结，含少量脉体及星点状黄铁矿。	潮下带-潮间带			
				12	0.83	858.85		砾屑结构	块状构造	灰色泥晶角砾磷块岩，底部分层位含有炭泥质夹层，砾屑主要是致密磷块岩，呈圆形及椭圆形，大小1~50mm不等，磨圆较好；灰白色白云石胶结，颗粒含量约为60%~70%。	潮下带-潮间带			
				11	4.15	866.08		泥晶结构	致密状构造	灰黑色泥晶磷块岩，含有少量白云质带及星点状黄铁矿，内部含有机质碎片和少量初始球粒胚胎。	深潮下带-潮下带		TST	
				10	3.09	871.47			条带状构造	灰黑色含磷质条带的白云岩，磷质条带呈黑色，宽约1~5mm，含量约为30%~40%；可见淡蓝色石英条带，因为后期形成；可见较多粒径约1mm的团粒状黄铁矿。	潮间带-潮上带		HST	
				9	3.46	876.85		球粒结构	纹层状构造	深灰色球粒磷块岩，内含宽约1~2mm的白云质条带，含量约为30%，从底部至顶部，白云质条带含量逐渐增多，可见极少量较小的黄铁矿。	潮间带-潮下带			
				8	1.03	879.30		球粒结构	块状构造	深灰色含白云质角砾、砾石的磷块岩，角砾呈长条状-竹叶状，大小不一，应为白云质条带磷块岩后期破碎形成。	潮间带			
				7	1.41	881.76		球粒结构	条带状构造	灰色含白云质条带致密磷块岩，白云质条带含量约为10%，含较多星点状及团粒状黄铁矿，粒径大小约为1mm。	潮间带-潮下带			
				6	11.08	901.08		球粒结构	条带状构造	灰黑色含白云质磷块岩，呈条带状产出，可见星点状黄铁矿。	潮间带	序列1		
				5	1.22	902.98		泥晶结构 球粒结构	致密状构造	灰黑色致密状磷块岩，内含有许多后期充填的方解石脉。	潮下带			
				4	13.99	924.75		球粒结构	条带状构造	灰黑色条带状磷块岩，含少量白云质条带，自下而上条带变少，在岩层底部有粒径约为0.5mm的石英颗粒，有顺层及细小星点状黄铁矿产出。	潮间带-潮下带		TST	
				3	3.73	930.55		球粒结构	条带状构造	灰黑色含白云质条带的致密磷块岩，白云质条带呈灰白色，宽度在10mm~50mm之间，含量大于30%，有顺层及星点状黄铁矿产出。从底部至顶部，白云质条带逐渐减少，宽度逐渐变细。	潮间带-潮下带			
				2	1.89	932.88				灰灰含海绿石泥质白云岩，可见层状黄铁矿及泥质条带，泥质条带呈黑色，较细，宽度小于1mm。	浅水障壁海岸			
				1	0.86	934.55				灰白色微晶白云岩，内含黄铁矿及褐铁矿。				

图例：球粒/砂屑磷块岩　碎屑状磷块岩　条带状磷块岩　胚胎球粒磷块岩　含生物化石碎片磷块岩　白云岩　含泥质白云岩　砾屑、碎屑磷块岩　碳泥质磷块岩　半土状磷块岩

图4-2　黔中瓮安地区ZK511钻孔震旦系陡山沱组综合柱状图及海平面变化

科学性、逻辑性和系统性强,古地理单元划分精细、准确、客观。本文首次将定量岩相古地理学方法理论运用于黔中开阳、瓮安地区震旦纪陡山沱期岩相古地理重建和磷矿找矿预测,通过精细还原成矿期古地理环境、划分古地理单元、解析多期次沉积成矿过程、确立磷矿控矿因素、圈定有利成矿区,为构建找矿预测模型和磷矿找矿预测提供依据。

(一)定量指标选择及编图

沉积区内层序地层的厚度主要受沉积物输入量和沉积可容纳空间控制,瓮安、开阳地区沉积岩性组合、沉积层序表现出一致性,且震旦纪陡山沱期构造活动稳定,因此层序厚度等值线图可反映该地区该层序的沉积分布范围及其沉积期的构造古地理格局,如相对隆起和相对坳陷区、沉积区与非沉积区(暴露区)的分布格局。在确定沉积区古地理格局后,可利用矿层厚度、品位分布(将P_2O_5含量大于8%的定为磷矿层)来圈定有利成矿区,并结合矿石类型及沉积相分析建立找矿预测模型。综合以上分析,首先按岩石组合类型划分陡山沱组各岩性段,即第四章第一节划分的底板段—a矿层段—夹层段—b矿层段,并选定各岩性段厚度作为单因素,并绘制各个单因素的厚度等值线图;然后在a、b矿层分段采取地层样品,测试样品P_2O_5含量,最后以加权平均值方法计算矿层平均品位,绘制黔中开阳、瓮福地区陡山沱组含磷岩系品位(P_2O_5含量)等值线图。

1. 陡山沱组底板段(海绿石砂岩、白云岩)厚度等值线图

开阳、瓮福地区陡山沱组底部普遍发育一层含海绿石石英砂层,伴随水深加大逐渐相变为砂质白云岩、白云岩沉积,为磷矿层沉积前的底板段。通过底板段厚度等值线图(图4-3)可见,开阳地区底板段地层厚度由南至北逐渐增大(0～22m),其中白泥坝—翁昭地区一线以南陡山沱期沉积厚度为0m,且在整个陡山沱期均无地层沉积,因此定为古陆分界线,界线以南为黔中古陆,以北为海相沉积区;翁昭至新寨地区同样存在北东向长条状零沉积区,为黔中古陆北部的孤岛,陡山沱期未沉积地层;局部地区古地理地形复杂,存在多个水下隆起或坳陷,导致局部地段地层厚度变化较大,如新寨矿区东部、永温矿区西部等均存在高低不平的地势条件。此外,海绿石砂岩层粒度成熟度较高,由北至南颗粒逐渐变细,由粗砂至粉砂逐渐变化,砂岩层之上逐渐沉积砂质白云岩、白云岩,表明开阳地区近岸浅水地区仍为陆源碎屑砂岩沉积,但伴随远离陆源、水深加大,沉积岩性逐渐转变为海相碳酸盐岩沉积。瓮福地区底板段地层厚度整体由北西至南东逐渐增大(0～20m)(图4-3),以陡山沱组0m线(古陆界线),黔中古陆东北部延伸半岛将开阳地区与瓮福地区分隔,瓮福地区处于黔中古陆东缘,并以前雍无矿带相隔,前雍无矿带周缘地层厚度小,北部翁招坝及南部大湾—白岩地区两个中心地带地层厚度大,且岩性逐渐由砂岩、粉砂岩、黏土岩组合向东南海岸方向逐渐相变为砂质白云岩、白云岩。

通过陡山沱组底板段厚度等值线图可知,开阳地区处于黔中古陆北缘,水体深度由南至北逐渐变深,局部地区地势高低不平;瓮福地区处于黔中古陆东缘,通过古陆东北部延伸半岛与开阳地区分隔,水体深度由北西至南东逐渐增大。

2. 陡山沱组a矿层厚度等值线图

由于仅新寨地区、瓮福地区可分a、b矿层,开阳其他矿区均是两期成矿作用综合作用最终形成一层矿层,早期沉积的a层矿遭受改造、再沉积作用,a矿层原始厚度及品位很难统计,因此将开阳其他地区的单一综合矿层与新寨、瓮福地区b矿层对比,开阳地区a矿层等厚度图仅限新寨矿区内(图4-4)。由图可见新寨地区a矿层以东南部为沉积中心,向四周沉积厚度逐

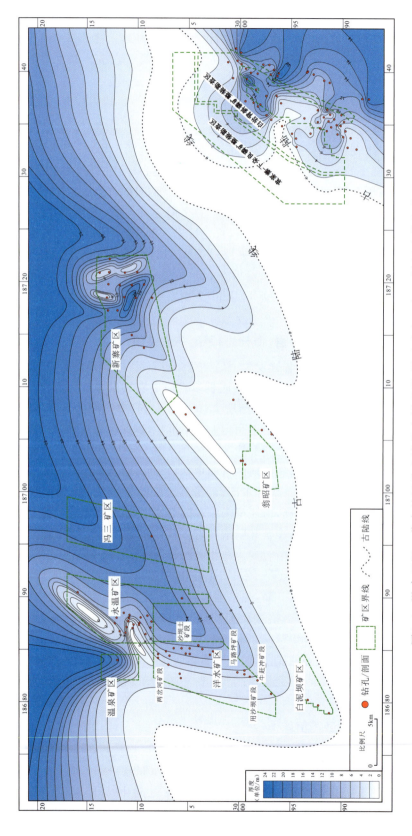

图 4-3 黔中开阳—瓮安地区陡山沱组底板段(海绿石砂岩、白云岩)厚度等值线图

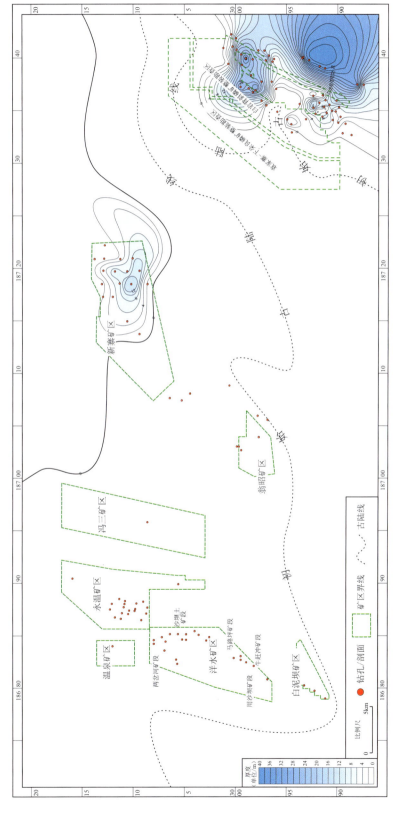

图 4-4 黔中开阳-瓮安地区陡山沱组磷矿层 a 矿层厚度等值线图

渐减小(0～12m),新寨地区以北磷矿层逐渐相变为白云岩沉积,矿层厚度逐渐变薄。瓮福地区a矿层等厚图(图4-4)显示,矿层厚度变化趋势与底板段厚度相似,北部翁招坝及南部大湾—白岩地层厚度大,前雍无矿带周缘厚度小,总体自西向东厚度逐渐变大(0～36m),且瓮福地区a矿层整体厚度明显大于开阳地区。

陡山沱组a矿层厚度等值线图显示,近岸浅水地区沉积的a矿层受后期再造影响在本图并未表现出来,但新寨、瓮福地区a矿层厚度变化趋势与底板段厚度变化相似,表明矿层沉积期继续延续了陡山沱组底板段沉积期古地理格局。

3. 陡山沱组夹层白云岩段厚度等值线图

夹层白云岩在开阳地区仅在冯三北部—新寨地区发育,在地势相对较高的南部地区无夹层沉积。夹层白云岩厚度由南至北逐渐增厚,新寨局部地区厚度差异较大(图4-5)。瓮福地区夹层白云岩厚度趋势与a矿层厚度变化趋势相似(图4-5),沿黔中古陆海岸线及前雍无矿带周缘厚度不断增大,但夹层白云岩分布范围较a矿层及底板段地层范围有明显缩减。

由于夹层白云岩层内暴露作用标志明显,表明本期地层有沉积间断,海退引起的海平面下降导致开阳地区南部及瓮福地区古陆周缘为暴露区,并无地层沉积,原沉积的矿层遭受暴露、淋滤作用,第二期成矿作用在此基础上直接沉积成矿。

4. 陡山沱组b矿层厚度等值线图

图4-6所示,开阳地区b矿层由南西至北东厚度呈现薄—厚—薄趋势(0～11m)。在南高北低的古地理格局下,温泉、洋水、永温一带矿层最厚,新寨地区地形起伏不定,矿层厚度分布极不稳定;南部白泥坝、翁昭地区水体较浅,受沉积空间限制沉积厚度较薄,而永温—冯三—新寨以北水体虽然较深,但磷矿层厚度较薄,沉积岩性以含磷白云岩、白云质磷块岩为主,能够达到工业品位的磷矿层较薄。此外,水下隆起区不易成矿,但隆起周缘往往成为优势成矿带。瓮福地区b矿层厚度变化由北西至南东方向同样呈现薄—厚—薄趋势(0～24m)(图4-6),以前雍无矿带相隔,前雍无矿带周缘矿层厚度小,北部翁招坝及南部大湾—白岩地区两个中心地带地层厚度最大,向东南延伸地层组合逐渐由磷块岩组合转变为碳酸盐岩、硅质岩组合,磷矿层厚度逐渐减薄。

陡山沱组b矿层厚度等值线图表明虽然历经夹层暴露改造期,但黔中古陆整体沉积格局和和陡山沱早期相差不大,开阳地区和瓮福地区分别处于黔中古陆北缘与东缘。且磷矿层的沉积厚度与水体深度存在一定规律,有利成矿区仅限于水体深度适中的某一区段,过浅或过深的沉积环境均不利于成矿。

5. 陡山沱组a矿层 P_2O_5 品位等值线图

a矿层品位等值线图(图4-7)显示,新寨地区和瓮安地区矿层品位与矿层厚度趋势相似。新寨地区a矿层以东南部为沉积中心,向四周矿层厚度逐渐变薄,品位逐渐降低(8%～22%);瓮福地区前雍无矿带北缘翁招坝及南缘大湾—白岩矿层品位较高,整体品位由北西至南东逐渐由低—高—低趋势变化(8%～30%)。

6. 陡山沱组b矿层 P_2O_5 品位等值线图

由图4-8可见,开阳地区含磷岩系品位分布由南至北呈现贫—富—贫的趋势(8%～34%),与矿层厚度分布规律一致。南部为黔中古陆,向北水体逐渐加深,近岸带岩层品位较低,在水体深度适中的温泉、洋水、永温一带为高品位矿石发育有利区,往北部水体深度逐渐增

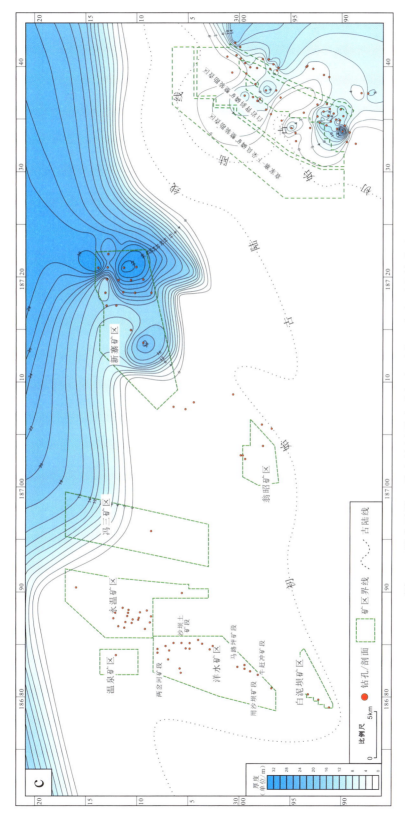

图4-5 黔中开阳—瓮安地区陡山沱组夹层白云岩段厚度等值线图

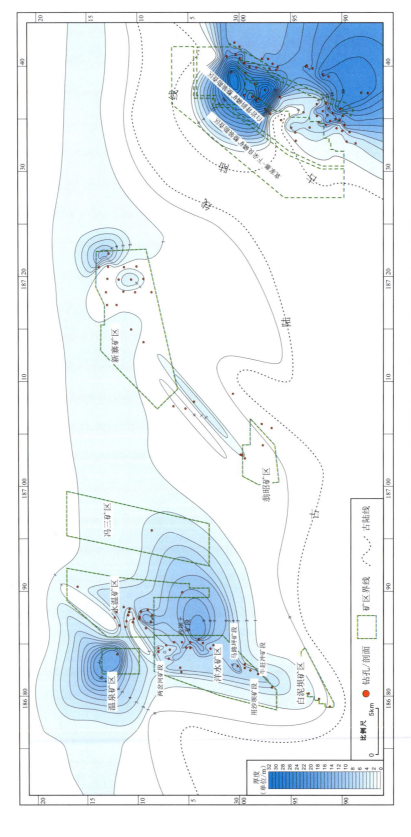

图4-6 黔中开阳—瓮安地区陡山沱组磷矿b矿层厚度等值线图

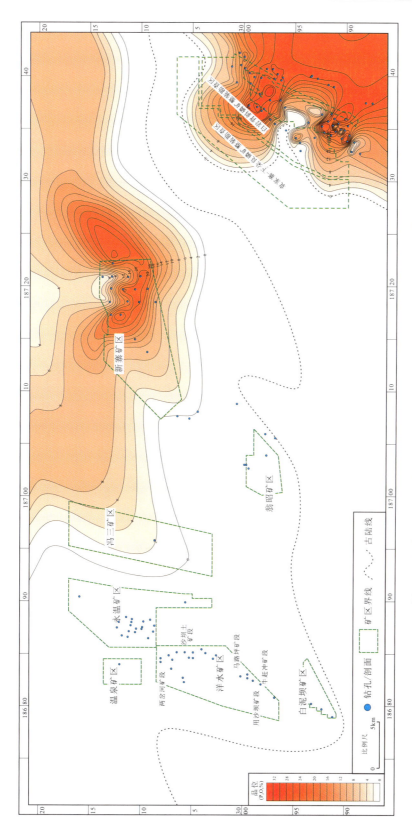

图 4-7 黔中开阳—瓮安地区陡山沱组磷矿层a矿层P_2O_5品位等值线图

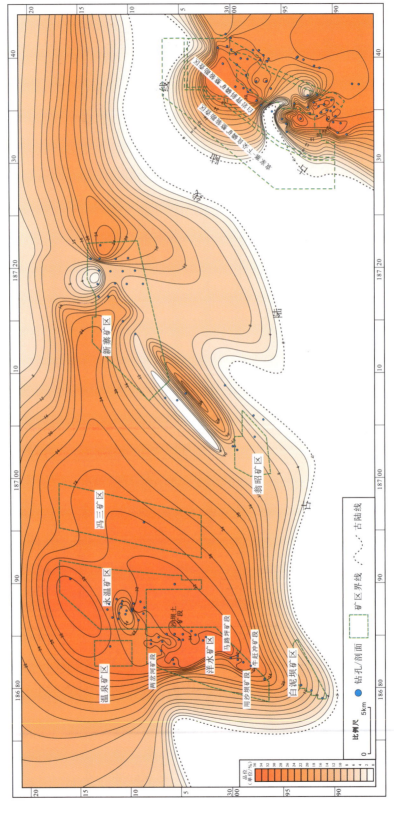

图4-8 黔中开阳—瓮安地区陡山沱组磷矿层b矿层P_2O_5品位等值线图

大,虽然陡山沱组厚度不断增大,但是地层中 P_2O_5 含量呈下降趋势;新寨地区由于地势复杂,品位分布也不稳定(8%~24%)。瓮福地区 b 矿层品位等值线图与 b 矿层厚度变化曲线同样相似,翁招坝及大湾—白岩矿区矿层品位最高,自矿区中心至周缘矿层品位逐渐降低(8%~32%),且与开阳地区相比,瓮福地区矿层厚度虽然较大,但高品位矿石分布较集中,分布范围也较小。

因此,黔中地区古地理格局控制了磷矿层的沉积与分布,地势较高的近岸带与地势较低的深水区均不利于矿石的发育,而水体深度相对适中的地带成为矿层厚度最大、品位最高的有利成磷区。

(二)岩相古地理恢复

通过前述单因素等值线图综合分析,结合地层岩性组合、沉积特征等资料绘制开阳、瓮福地区震旦纪陡山沱早、中、晚期岩相古地理图。根据陡山沱组厚度等值线图(图 4-3~图 4-6)中零沉积区圈定为古陆,结合黔中区域性古地理环境(陈国勇等,2015)确定了开阳地区为黔中古陆北缘的开放海岸环境,水体深度由南至北逐渐加深;瓮福地区地处黔中古陆东缘,由东北部半岛与开阳地区相隔,为相对半封闭的障壁湾沉积环境,水体深度由北西至南东方向逐渐加深,并向东南延伸水深逐渐增大,相变为陆棚相沉积环境。

陡山沱初期由于气候转暖、冰川融化,导致扬子地台出现大规模海侵(汪正江等,2011;杨爱华等,2015),海侵导致黔中古陆北缘海岸线不断南移,使开阳大部分地区淹没于海平面以下。早期沉积成熟度较高的海绿石石英砂岩层厚度由南向北逐渐增加(图 4-3),且粒度逐渐变细,层内交错层理发育,表明陡山沱初期开阳地区为地势南高北低的无障壁陆源碎屑海滩相沉积环境,陆源碎屑来源于南部的黔中古陆。而瓮福地区由于受半岛阻挡影响,处于相对半封闭环境,陡山沱初期多粉砂岩、黏土岩等粒度较细的沉积物,伴随向南东障壁湾内部及陆棚水深加深,陆源碎屑输入逐渐减少,陡山沱初期开始发育可与全球对比的盖帽白云岩沉积。随后开阳、瓮安地区沉积的砂质白云岩、白云岩层厚度自水浅至水深地带均有增加的趋势,表明随海侵规模扩大,海水碳酸盐含量渐增,洋水—翁昭一线近岸带以北及瓮福障壁湾内部开始逐渐转变为碳酸盐岩沉积。综上可见,开阳地区位于黔中古陆北缘,陡山沱初期洋水—翁昭一线地势最高,一直处于陆源碎屑岩沉积,洋水、温泉、永温、冯三地区水深次之,新寨地区水体最深,局部地区存在水下隆起或坳陷;瓮福地区处于黔中古陆东缘,由东北部半岛相隔处半封闭障壁湾环境,古陆周缘及前雍半岛附近地区地势较高,为有障壁陆源碎屑海岸沉积,障壁湾内部水体较深,为磷质沉积、聚集提供了古地理条件,并在这一古地理格局的基础上,开阳、瓮福地区开始沉积磷矿层。

陡山沱早期海侵规模进一步扩大,上升流携深部富磷海水进入黔中古陆周缘浅水区。开阳地区仍延续黔中古陆北缘南高北低的古地理格局,并开始沉积含磷沉积物,其中碎屑状磷块岩最为发育,主体矿层全部为受水流机械破碎的砾屑、砂屑磷块岩,磷质碎屑颗粒呈菱角状至浑圆状,颗粒排布有一定的定向性,由磷质或白云质胶结,且矿层内可见大型板状、楔状交错层理及平行纹层等沉积构造,表明本期整体沉积环境由无障壁陆源碎屑海滩逐渐转变为磷质海滩,自白泥坝—翁昭一线至新寨以北根据矿石沉积类型可划分为前滨相、上临滨相、下临滨相和远滨相(图 4-9)。白泥坝、翁昭地区紧靠黔中古陆,地势较高,沉积厚度薄,沉积岩性以含磷质砾屑、碎屑的粗砂岩为主,磷质碎屑颗粒与基质沉积物均具有较好的磨圆度(图版 7a),为前滨相沉积,由于在极浅的水体环境下难以形成自生磷灰石沉积(Delaney,1998),磷质碎屑为

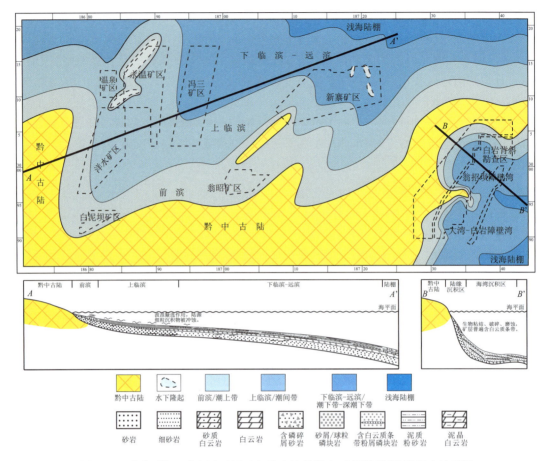

图 4-9 黔中开阳—瓮福地区震旦纪陡山沱早期（a 矿层沉积期）岩相古地理图

水流破碎、搬运附近地区含磷沉积物而来，导致沉积物中磷质品位较低；洋水、永温、温泉及冯三地区磷矿床矿石类型以砂屑磷块岩为主（图版 3a、e、f，图版 4a～h，图版 5a～c），偶含磷质砾石，部分层位夹白云质条带（图版 3b），磷质颗粒为水流机械破碎、搬运原生沉积的泥晶磷质形成，指示水动力较强的上临滨相沉积环境；新寨地区水体较深，矿层以中—细砂屑磷块岩为主（a 矿层），磷质颗粒近水平向排列形成水平纹层（图版 12e），为下临滨相-远滨相沉积。瓮福地区陡山沱早期同样继承了陡山沱初期古陆东缘半封闭障壁湾相古地理格局，古陆边缘近岸地区由于受陆源碎屑输入影响，多发育砂泥岩互层沉积，层内可见波状、透镜状层理（图版 9b、c），指示潮汐水流作用下的沉积环境，且近岸浅水自生磷灰石矿物极少，因此本区很少存在可达到工业品位的磷矿石。前雍半岛向障壁湾内延伸，水体深度不断增大，并在本期形成了磷矿石沉积（a 矿层），矿石以含白云质条带球粒磷块岩为主（图版 15e），磷质球粒通常呈卵圆形、浑圆形，粒径大多数为 0.1～0.2mm，其基质、胶结物多半为磷酸盐，球粒内有机质丰富（图版 12f，图版 15d），推测为生物化学作用黏结聚集磷酸盐并经过水流搬运、滚动、磨蚀而成，一般指示水体较封闭、营养物质充足的浅水透光环境，以便藻类等生物生长黏结聚集磷质；层内白云质条带（纹层）普遍发育（图版 10h），条带（纹层）厚度一般小于 2cm，白云质条带（纹层）多由细晶白云石颗粒组成（图版 15e），重结晶较普遍，条带（纹层）的出现表明陡山沱早期海平面升降较频繁，并伴随间歇性的磷质供应不足，导致磷质沉积和白云质沉积的交互发育。

陡山沱中期,仅在开阳地区北部及瓮福地区发育夹层白云岩,且夹层白云岩层内发育不整合面、溶蚀孔洞及磷质、硅质角砾充填等明显的暴露标志(图版 2b,图版 10a、b),形成岩层侵蚀,新寨矿区以南夹层沉积厚度为零(图 4-5),表明本期伴随大规模海退,海平面下降,使新寨地区处于有周期性暴露的后滨-前滨环境,而地势较高的白泥坝—翁昭一线已完全处于海平面以上,温泉—洋水—永温—冯三一线以南成为暴露区(图 4-10),未沉积地层,而是使已沉积的磷矿床遭受暴露、淋滤作用,导致矿层普遍可见侵蚀间断面(图版 7e,图版 8f)且矿石常见溶蚀孔洞(图版 7c、f,图版 8e,图版 10d)及土状疏松结构(图版 1d,图版 7d,图版 11g)。瓮福地区仅在古陆周缘部分完全处于海平面以上,障壁湾地区地势较低,发育夹层白云岩沉积,受海平面频繁升降影响出现周期性暴露。本期的暴露事件虽然没有影响黔中古陆整体古地理格局,但夹层白云岩受不同程度的暴露岩溶作用,局部地区地形地势改变较大,对后期成矿有一定影响。且一般认为,暴露、淋滤作用会使磷矿层内常见白云石胶结物或条带溶蚀、流失,使矿层品位提高(戈定夷等,1994),因此陡山沱早期沉积的磷矿层受暴露、淋滤作用改造后往往具有相对较高的品位。

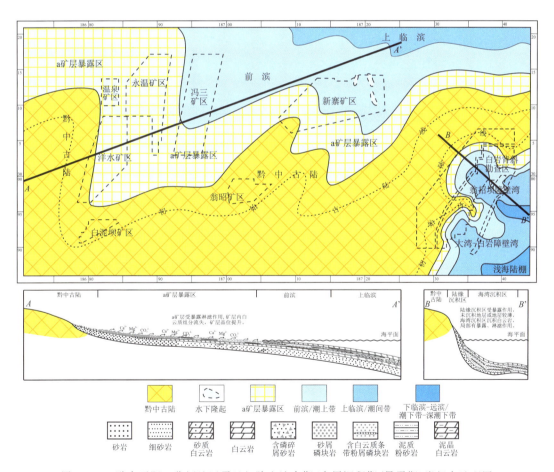

图 4-10 黔中开阳—瓮福地区震旦纪陡山沱中期(夹层沉积期/暴露期)岩相古地理图

陡山沱晚期黔中古陆周缘地区再次广泛发育磷矿层沉积,指示本期海平面再次上升。同陡山沱早期成磷事件相似,开阳地区矿层仍然以砾屑、砂屑磷块岩形式产出,局部可见鲕粒磷块岩,磷质颗粒排列仍有一定的定向性,层内仍可见交错层理、平行纹层等定向构造,但与陡山沱早期沉积的矿石相比,无论是白云石条带还是白云石胶结物含量均有所增高,整体仍表现为浅水高能环境(图4-11),但部分地区局部层位出现的叠层石磷块岩等低能水环境下的含磷沉积物表明,受中期暴露影响,对沉积地形地貌改造较大,特别是夹层白云岩的暴露侵蚀作用,导致局部地区地形凹凸不平,沉积环境也复杂多变。开阳地区矿层厚度由南至北总体呈现

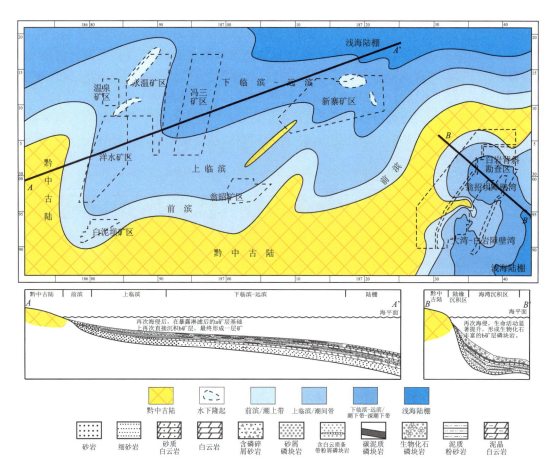

图4-11 黔中开阳—瓮福地区震旦纪陡山沱晚期(b矿层沉积期)岩相古地理图

薄—厚—薄变化、局部差异大的趋势(图4-6),P_2O_5品位由南至北表现出贫—富—贫(图4-8)。白泥坝、翁昭地区仍处于水体较浅的前滨带,沉积厚度小,主要沉积中—粗粒砂岩,岩层中偶夹水流搬运的磷质碎屑,矿石品位低;温泉—洋水—永温—冯三地区仍为临滨相沉积环境,在前中期沉积、淋滤形成的高品位矿床的基础上,再次直接接受磷质沉积,最终形成厚度大、品位高的磷矿床,但晚期沉积的矿层与早期相比暴露作用不明显,白云石胶结物或条带含量高,品位低于早期沉积的矿层;新寨地区在夹层白云岩沉积的基础上再次独立成矿,形成b矿层,矿石类型以泥晶、粉砂屑磷块岩为主,整体处于下临滨-远滨相沉积环境,海水较深的环境下磷酸盐聚集效率低(Filippelli,2011),难以形成连续的磷灰石沉积,磷矿层厚度开始减薄,而且受中期暴露造成局部地形复杂多变,其矿层厚度及品位分布不稳定。与开阳地区不同,瓮福地区陡山沱晚期古地理格局虽然改变不大,但由于障壁湾内水深较开阳浅水海岸深,瓮福地区大部

分地区均存在夹层白云岩沉积,因此矿层受暴露、淋滤作用改造较少,伴随冰期后海水不断充氧过程,瓮福地区 b 矿层往往为生物化石丰富的磷块岩,其中底部碳泥质磷块岩有机质含磷极为丰富,与生命早期演化相关的藻类化石、"胚胎"化石等在 b 矿层内均有广泛发育(图版 1g、h,图版 6a～f,图版 11f),指示半封闭障壁湾沉积环境,水体能量相对较弱,水体内氧分、磷质等营养充足。瓮福地区沉积的与生命活动密切相关的 b 矿层磷矿层往往有较大的厚度(图 4-6),矿层虽然受后期改造作用影响不大,但受生物作用聚集磷质,其矿石品位同样可以达到较高水平。

陡山沱末期—灯影初期,海平面再次大规模下降,再次出现暴露事件,黔中古陆周缘沉积的磷矿石再次受侵蚀、淋滤作用,尤其是开阳地区矿层受多期次沉积再造作用,形成国内外平均品位最高的优质磷矿床;瓮福地区矿层同样受本次暴露事件影响,b 矿层顶部受暴露、淋滤作用影响形成的土状、半土状磷块岩同样有极高的品位。灯影初期后海平面再次上升,并逐渐将黔中古陆淹没,整个扬子地台逐步转变为碳酸盐岩台地沉积,黔中地区开始发育碳酸盐岩沉积,成磷事件逐渐结束。

二、开阳地区沉积相及古地理特征

通过开阳地区陡山沱组等厚度图(图 4-3)及黔中地区古地理图(图 4-9～图 4-11)可见,开阳地区陡山沱期位于黔中古陆北缘,整体为无障壁磷质海岸沉积环境。其中白泥坝—翁昭一线紧靠黔中古陆,地势最高,陡山沱组岩性以陆源碎屑岩为主,磷质以碎屑形式赋存;以北洋水—永温—冯三矿区陡山沱组磷矿层厚度大、品位高,为磷矿层富集区;新寨地区离黔中古陆较远,水深较大,磷矿层可分 a、b 两段,与瓮福地区陡山沱组相似。开阳地区各分区沉积古地理特征如下。

1. 白泥坝—翁昭矿区

白泥坝矿区位于开阳整装矿区西南部,陡山沱组平行不整合于澄江组紫红色黏土质粉砂岩之上,缺失南沱组冰碛砾岩层,且陡山沱组较薄,仅 3～6m,磷矿石分布均匀(图 4-12),品位普遍较低(图 4-8)。白泥坝矿区未出现冰碛物沉积层,因此本区南沱期仍为古陆,陡山沱初期大规模海侵,本地区开始发育泥质灰绿色薄层黏土岩沉积(F3)。由于开阳地区地势复杂,白泥坝矿区南部、西北部为古陆环绕(图 4-9～图 4-11),沉积环境为有障壁的海岸环境。随后海侵规模进一步扩大,海岸线不断南移,海水越过障壁沙坝,白泥坝矿区出现含磷质碎屑中-粗砂岩沉积(F1),碎屑有一定的磨圆度,成分复杂,有磷质碎屑、长英质碎屑及淡水硅化的硅质团块,局部地区可见竹叶状角砾,基质成分为陆源碎屑砂岩、粉砂岩,含少量孔洞,白色透明的硅质团块大小为 1～5mm,形状不规则,硅质团块含量自底部至顶部逐渐变多,为淡水硅化产物。含磷质碎屑砂岩处于海平面频繁波动的后滨-前滨沉积相区,由于距黔中古陆较近,陆源碎屑输入充足,且受海平面升降频繁,海浪搬运附近地区的磷质形成磷质碎屑,而硅质团块及孔洞表明成岩过程中存在暴露期,陆源水溶性硅渗入本地区形成了硅质团块。灯影期后,海水再次侵入将黔中隆起淹没,开阳地区进入稳定的台地碳酸盐相沉积。白泥坝矿区离黔中古陆较近,海水始终较浅,且陆源碎屑输入丰富,磷质输入不足,其沉积环境很难形成自生磷灰石,仅依靠水流冲刷附近地区已沉积的磷块岩碎屑带入,很难达到高品位磷矿床。

翁昭矿区位于开阳磷矿整装矿区南部,其矿层分布不稳定,矿区北部的布衣山寨地区和南部黔中古陆均缺失陡山沱组,且矿区陡山沱组与澄江组薄层粉砂岩层呈角度不整合接触。南

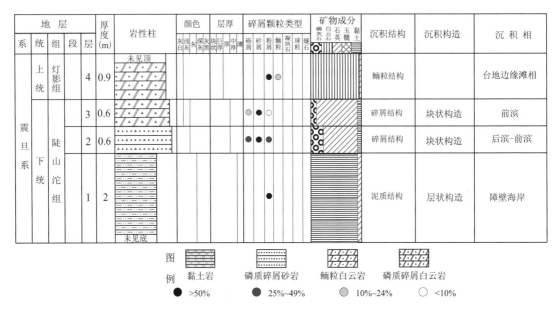

图 4-12 白泥坝矿区 ZK101 钻孔陡山沱组沉积相柱状图

沱期本区无冰碛砾岩沉积层,为黔中古陆北缘,陡山沱期后气候变暖出现大规模海侵,黔中古陆海岸线不断南移,但矿区北部布衣山寨-新寨矿区西南部仍缺失陡山沱组,推测为一北东向古岛(图4-9~图4-11),使翁昭矿区处于水流受限制的有障壁海岸环境,陡山沱初期沉积一层灰绿色薄层粉砂质黏土岩(F3)。随后海侵规模进一步扩大,陡山沱组沉积含磷质碎屑白云岩、黏土岩,矿区北部古岛未被完全淹没,由于古岛的阻挡作用,本地区一直处在障壁海岸的沉积环境下(图4-13),由于离陆源较近,海水极浅,很难形成自生沉积的磷矿石,磷质仅以碎屑颗粒的形式存在于层序中,由附近沉积的磷块岩碎屑随水流带入,故品位分布极不均匀,矿层较薄,本矿区也未形成优质、大型磷矿床。

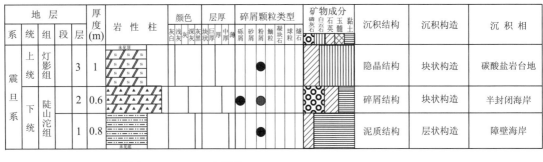

图 4-13 翁昭矿区陡山沱组沉积相柱状图

2. 洋水—永温—冯三矿区

矿区位于开阳县西北部,息烽东部,位于黔中古陆北缘(图4-9~图4-11),陡山沱组平行不整合于澄江组紫红色砂、泥岩之上,厚度为 8~25m,矿层分布稳定,除矿区西部 ZK001、ZK005 两钻孔矿层不明显外,其余地区均有矿层分布,厚度为 1~9m,且普遍以砂屑磷块岩为主(图 4-14),矿石品位较高。冯三矿区位于永温勘查区西部,由于受后期构造断裂影响,本区磷矿层埋藏较深,仅在位于勘查区中部的 ZK309 钻孔约 1500m 处见矿(图 4-15)。

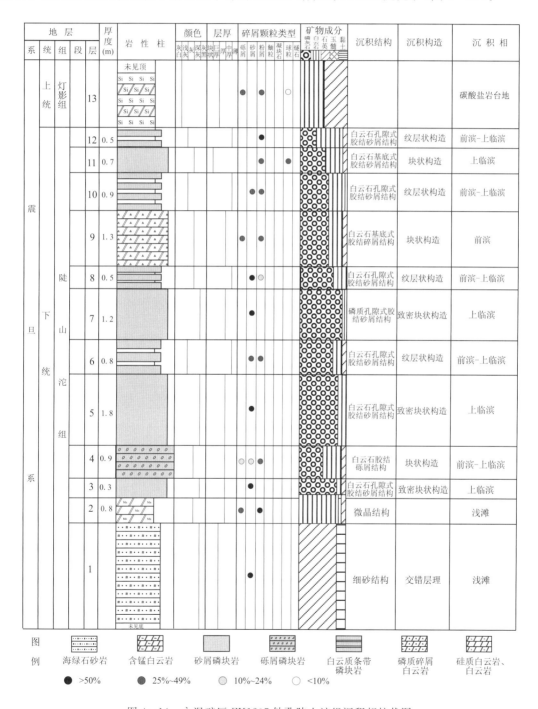

图 4-14 永温矿区 ZK1207 钻孔陡山沱组沉积相柱状图

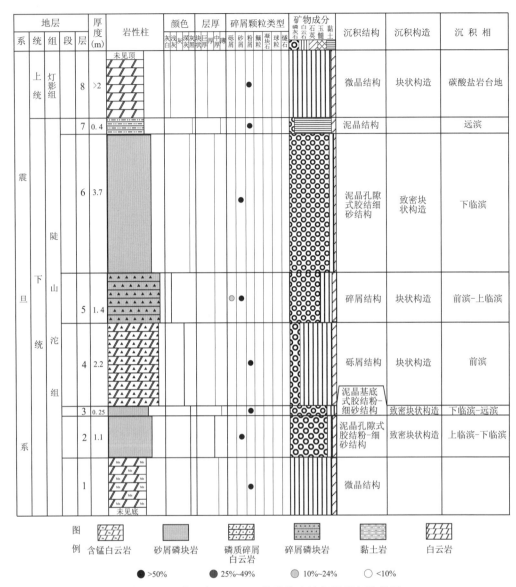

图 4-15 冯三矿区 ZK309 钻孔陡山沱组沉积相柱状图

陡山沱早期,由于冰期过后的大规模海侵,地表风化强烈,矿区处于黔中古陆北缘,本期沉积地层陆源物质输入丰富,且由于海水次氧化、较寒冷的沉积条件,在滨浅海水体较浅的情况下沉积自生海绿石颗粒,形成含海绿石石英砂岩沉积(F1),部分层位含有一定磨圆度的砾石,表现出无障壁滨浅海高能海滩的沉积环境特征。随后海侵规模继续扩大,矿区部分地区海绿石石英砂岩层之上沉积一层白云岩、砂质白云岩,常见肉红色锰质角砾,沉积厚度较小,一般为 0~2m,表明海平面不断升高,陆源输入物质逐渐减少,但水体仍然较浅,属滨岸沉积。由于海水中大气氧含量增加,气候变暖,且海侵时伴随海水底部富磷海水上涌,为生命活动提供物质来源,沿黔中古陆周边海水藻类生物迅速繁殖,使浅水地区磷质含量进一步增加,陡山沱组含磷岩系即在此基础上开始发育。

矿区陡山沱组含磷岩系底部矿石类型以砾屑磷块岩(F11)为主,在开阳地区西部各矿段均有广泛发育,沉积厚度较小,一般小于1m,而东部新寨勘察区砾石在海绿石砂岩层及白云岩层较为常见(F2)。砾屑成分主要以磷质孔隙式胶结的砂屑磷块岩或磷质等厚环边胶结的砂屑磷块岩为主(图版3h,图版15a),夹杂有少量海绿石砂岩砾屑、含锰白云岩砾屑,砾屑有不同的磨圆度,从菱角状到浑圆状,竹叶状砾石也较常见(图版1b,图版2e,图版8d,图版11a、b),砾屑间胶结物大部分为微晶白云岩,同时含有泥质或磷质胶结(图版3h,图版15a)。砾石分选磨圆一般,表明受一定水流冲刷,但搬运距离较短,甚至未经冲刷搬运,可能为突发性水体,如风暴作用激荡、冲刷、沉积的结果;部分砾屑可见相互挤嵌、塑性变形等现象,说明它们是在尚未完全固结石化之前就受到冲刷破碎堆积胶结而成的。磷质砾石的出现代表本已沉积的砂屑磷块岩又受到波浪、风暴作用的改造,或是潮汐通道水流冲刷。磷质砾石内主要成分为磷质泥晶胶结的砂屑磷块岩,表明水流改造前已有磷块岩的短暂沉积,而开阳地区西部水体较浅,其原先沉积的磷块岩已完全遭到水流破坏,砾屑磷块岩的形成是多期次磷质沉积—破碎—胶结—暴露冲蚀—再沉积的产物,指示了水体动荡、水动力较强的前滨-上临滨沉积环境。

此后开阳地区进入较稳定的含磷沉积层,矿区磷矿层以砂屑磷块岩(F7,F8)与含白云质条带砂屑磷块岩(F12)互层产出,由于海底地形较为复杂,不同地区磷块岩沉积序列不同,磷矿层沉积厚度也不同。磷矿层主体以砂屑磷块岩为主,颗粒周围均有纤维状亮晶磷灰石包壳。随海平面的频繁变化,磷块岩中砂屑颗粒、胶结物成分均有所变化,主要为磷质等厚环边胶结加磷质泥晶胶结、白云石亮晶胶结。部分以磷质等厚环边胶结的砂屑磷块岩砂屑颗粒呈菱角状(F7),颗粒排列紧密(图版5b、c),为水流机械破碎原生沉积磷块岩形成碎屑颗粒迅速堆积而成;部分砂屑颗粒分选、磨圆较好(F8)(图版4d),为水流机械破碎而成,且颗粒沿近水平方向有一定的定向性(图版12b~d),形成平行纹层(图版8e、h)或交错层理(图版8g),一般为临滨带浅水高能环境下的产物。亮晶环边呈纤维状晶体围绕磷质颗粒生长,磷灰石晶体呈长柱状垂直颗粒外壁,一般胶结多层,单层厚度均匀,为多期次胶结的产物,磷质环边是磷质颗粒沉降后,孔隙水中的磷酸盐达到过饱和后沉淀而成,为活跃的海水潜流环境的代表性结构。由于受海平面变化影响,磷质等厚环边胶结的砂屑磷块岩胶结物成分会随之发生改变,且海水地球化学条件受气候、上升流周期性影响,海平面升降与深部海水供磷量出现间歇性变化,海水含磷量随之改变。当海平面下降,磷质颗粒胶结物环境上升至淡水渗流带,孔隙水磷质减少,白云质增加,胶结物变为白云质胶结,甚至出现白云石条带(F12)。而海平面上升时,孔隙水磷质充足,颗粒之间重新充填磷质泥晶胶结物。部分矿石遭受暴露、淋滤作用影响,形成胶结程度极差的半土状、土状磷块岩(F15)。此外,矿层常见磷质和白云石共同胶结的砂屑磷块岩,且磷质等厚环边呈现出类似"复鲕",为多期次磷质亮晶胶结作用的产物(图版5b),这也是由于受不断波动的海平面影响,磷质沉积物未固结之前经受多期次暴露、淋滤、冲蚀及再胶结、沉积作用,其胶结、沉积环境也不断变化,最终形成一层多种胶结物类型的砂屑磷块岩矿层。而冯三矿区矿层中夹有一层磷质碎屑白云岩,可与新寨、瓮安地区a、b矿层的白云岩、硅质岩夹层沉积对比,表明陡山沱中期存在较大规模海退,此时冯三矿区处于平均高潮线附近,但由于冯三地区地势相对较高,离磷矿石暴露区更近,在中期海退时仍有附近暴露的磷质碎屑输入,故本区夹层与新寨、瓮安相比厚度较小,白云岩中磷质碎屑含量更高,甚至可以达到矿层品位。

3. 新寨矿区

新寨矿区位于开阳磷矿整装矿区东北部,陡山沱组含磷岩系有a、b矿层之分(图4-16),与开阳其他矿区有明显差异。新寨矿区陡山沱组与下覆澄江组紫红色砂岩层呈角度不整合,

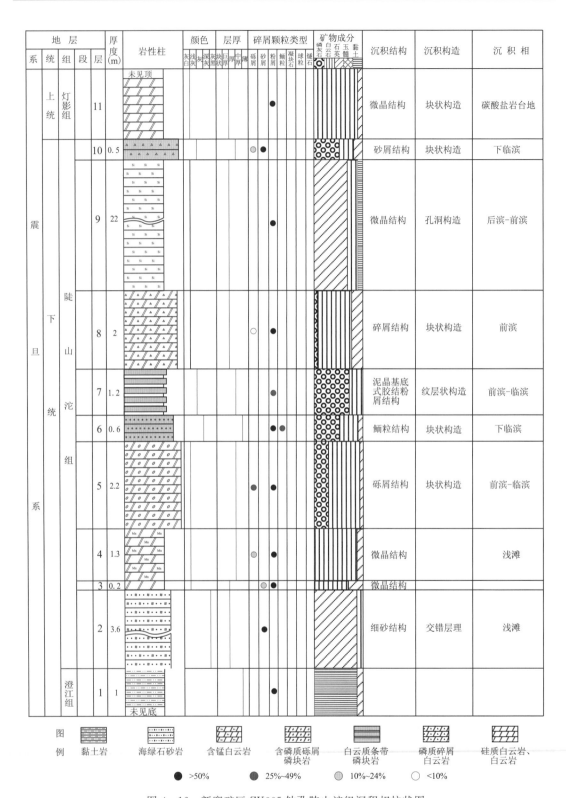

图4-16 新寨矿区 ZK005 钻孔陡山沱组沉积相柱状图

同样缺失南沱组冰碛砾岩层。陡山沱组含磷岩系底部为灰绿色中厚层砂岩、砂质白云岩(F1),陡山沱初期海侵使黔中古陆海岸线不断南移,本期属于无障壁海岸沉积环境。海侵规模不断扩大,陆源输入渐少,海水碳酸根离子浓度渐增,沉积岩性逐渐由陆源碎屑岩转变为海相白云岩沉积(F5),并夹有锰质及海绿石砂岩角砾。随海侵进一步扩大,深部富磷海水不断上涌,新寨矿区进入成磷期,即 a 矿层沉积期,底部通常为磷质砾屑磷块岩(F11),砾屑成分一般为泥晶磷块岩碎屑,磨圆较好,通常呈竹叶状(图版 11a、b),部分地区砾屑一直延续至海绿石砂岩层,胶结物一般为硅质,偶夹肉红色锰质(图版 11a)。磷质砾屑可能为异地搬运至此,也可能为原地破碎,代表了浅水高能的临滨带环境,而胶结物主要为硅质胶结,表明其胶结过程中海水环境发生转变,同时也表明海平面的频繁波动,历经了多期次磷质沉积—破碎—胶结—再沉积过程。本地区 a 矿层砂屑磷块岩主要为磷泥晶基底胶结砂屑磷块岩(F9)(图版12e),磷质砂屑颗粒一般为细砂—粉砂级,矿层内可见细纹层的水平层理和小型交错层理,代表下临滨-远滨水动力相对较低的沉积环境。a 矿层沉积过后,出现了白云质磷块岩、硅质白云岩及硅质岩沉积层序(F6),岩层孔洞发育,溶蚀孔洞内有硅质、磷质或碳质充填(图版 2b,图版 10a),属古喀斯特现象,为明显的暴露特征标志,表明海水再次海退,水体变浅,这次地表风化暴露事件被认为与 Gaskier 冰期(582Ma)有关(Condon et al,2005)。新寨、瓮安地区位于平均高潮线与平均低潮线之间前滨带,而地势较高的永温、冯三等地区则处于平均高潮线附近,暴露时间更久,其原先沉积的磷矿床遭受暴露、淋滤作用,钙质流失,形成高品位磷矿床,而此时新寨地区继续沉积夹层白云岩、硅质岩。历经暴露后,含磷海水再次上涌,新寨地区再次形成磷矿沉积层,即 b 矿层,而洋水-永温矿区经受暴露后未有夹层段沉积,冯三矿区夹层段厚度较薄,且有较多磷质输入,夹层特征不明显。洋水-永温矿区在原先经过暴露、淋滤的磷矿床基础上再次形成磷质沉积,形成优质磷矿床。新寨地区 b 矿层磷块岩以碎屑为主,泥晶磷块岩(F13)破碎形成磷质碎屑,直接由亮晶白云石颗粒胶结。由于新寨矿区地形复杂,加之夹层白云岩遭受暴露侵蚀作用形成喀斯特地貌,导致新寨地区地形地貌差异变大,矿层磷块岩类型多种多样,除常见的砂屑磷块岩外,鲕粒、豆粒磷块岩,藻纹层或叠层石磷块岩均有发育。鲕粒、豆粒磷块岩中组成矿石的磷质鲕粒呈卵圆形或圆形,均具有典型的同心圈层构造(图版 3c),鲕粒核心为泥晶磷块岩破碎形成的碎屑颗粒,内部有一定的硅化、白云岩化,鲕粒的同心圈层为亮晶磷质壳层相互包叠,沉积环境为高能浅滩搅动的水体中,基质主要为白云石颗粒。新寨部分地区也可见藻纹层或藻叠层石磷块岩(F14)(图版 2g),其叠层石柱体同样为隐晶质磷酸盐组成,柱体之间由磷质泥晶充填(图版 5f),柱体内部由亮暗相间的磷质纹层即通常所谓的富藻层和富屑层互相叠覆生长而成,暗带主要由藻类黏结的隐晶质碳氟磷灰石组成。多种类型的磷块岩矿石也指示了新寨地区复杂的古地理面貌及多变的沉积环境。新寨地区地势较其他矿区低洼,故海平面下降时未出现沉积间断而出现夹层硅质岩、白云岩沉积,磷块岩暴露、淋滤作用不强,所以其他矿区典型的高品位砂屑磷块岩分布较少(图 4-7、图 4-8),多为泥晶砂屑磷块岩、碎屑磷块岩或鲕豆粒磷块岩,且由于地形高低复杂,沉积环境多变,品位分布极不稳定,部分地区有 a 矿层或 b 矿层缺失甚至未沉积矿层(图 4-4、图 4-6)。

三、瓮福地区沉积相及古地理特征

通过单因素分析多因素综合作图法作图及结合黔中地区岩相古地理背景可见,瓮福地区震旦纪陡山沱期地处黔中古陆东缘,新元古代冰期后,海水由东至西发生大规模海侵,形成了西临古陆、整体地势东低西高的古地理格局,瓮福沉积区由前雍半岛分隔,形成南部大湾-白岩障壁湾和北部翁招坝障壁湾,障壁湾东部水深逐渐增大,转变为浅海陆棚沉积。根据地层岩性组合和沉积特征,可将瓮福地区分为障壁湾沉积区和古陆边缘沉积区,障壁湾沉积区发育a、b两矿层,而陆缘沉积区仅发育一层矿。各分区描述如下。

1. 障壁湾沉积区

障壁湾沉积区陡山沱组可分为4个典型的岩性段:底板段、a矿层段、夹层段和b矿层段(图4-17)。通过a、b矿层地层等厚度图及等品位图可见(图4-3～图4-8),越靠近障壁湾中心地带,矿层厚度越大,品位越高,矿石质量越好。

陡山沱初期沉积的底板段地层近陆周缘为一套由细砂岩、粉砂岩、黏土岩(F3)组成的陆源细碎屑岩沉积序列,层序向上逐渐相变为砂泥岩及白云岩互层沉积(F3、F5),且白云质成分逐渐升高,层内水平层理、透镜状层理发育,为陡山沱早期海侵水深逐渐增加的沉积层序,沉积环境为水环境较低能的潮间-潮上带沉积,同期水深相对较深的大湾-白岩障壁湾和翁招坝障壁湾内部及白岩背斜东部底板段地层则发育可与全球对比的盖帽白云岩沉积(F4),盖帽白云岩层内破碎强烈,席状裂隙发育(图版9d),局部可见帐篷构造及瘤状突起,瘤状突起周缘夹重晶石层(图版9e)。

随后海侵规模进一步扩大,瓮福矿区仍继承陡山沱初期的古地理面貌,大湾—白岩地区及翁招坝仍为半封闭障壁湾环境,形成以含白云质条纹状(条带)的团球粒磷块岩(F10、F12)为主的a矿层沉积,a矿层厚度及品位等值线图可见(图4-4),大湾—白岩障壁湾和翁招坝障壁湾a矿层厚度大,品位高,磷块岩类型以团球粒磷块岩为主,磷质团球粒一般为藻类胞外聚合物或微生物吸附磷质黏结聚集、滚动、磨蚀而成,且伴随海水的不断波动形成白云质条纹(条带),白云质条纹(条带)与团球粒磷块岩互层产出,构成脉状、透镜状层理(图版14h、i),代表了海侵背景下的潮下-潮间带沉积环境。矿层内的白云质条带表明本期海平面频繁升降与深部海水供磷量出现间歇性变化,而近岸极浅水地区由于受陆源碎屑稀释及生物聚集动力不足影响,矿层厚度及品位均差于障壁湾内沉积的矿层。

a矿层之上沉积一层微晶白云岩(夹层段)(F6),上段可见晶洞、硅质团块等暴露构造(图版2c,图版14e),晶洞内可见自生生长的石英、长石晶体或充填的碳泥质磷块岩(图版10b),层内夹少量下伏或异地搬运的a矿层磷质砾屑(图版2d),指示本段为潮上带暴露沉积环境,为喀斯特侵蚀面,表明本期海平面迅速下降,浅部海水磷质供应不足,形成白云岩沉积,且在成岩期遭受了暴露、硅化等作用。

夹层段沉积期过后海平面迅速上升,形成b矿层磷块岩沉积,瓮福地区古地理面貌与陡山沱初期变化不大,海侵规模扩大沉积环境转变为潮下半封闭障壁湾,即b矿层底部普遍发育的一层碳质磷块岩层(F13)(图版11c),层内可见微细水平纹层,为海侵范围最大时的凝缩段沉积,随后海平面缓慢下降,发育潮间带含磷白云岩沉积,b矿层中上部逐渐发育多细胞藻类磷块岩及生物球粒磷块岩(F14),障壁湾内适宜的海水条件和充足的氧分为生物的生长繁殖提供了有利条件,导致矿层内生物化石发育;局部地区b矿层顶部发育一层渣土状磷块岩(F15)(图版11h),胶结程度极差,但品位极高,表明已沉积的磷矿层遭受强烈的暴露、淋滤作用,为海退后的潮上带沉积环境,白云石胶结物或条带流失殆尽,磷质成分保留,从而形成极高品位的磷矿石。与陡山沱早期成磷事件类似,本期大湾-白岩障壁湾和翁招坝障壁湾仍为优势成磷区(图4-6、图4-8)。

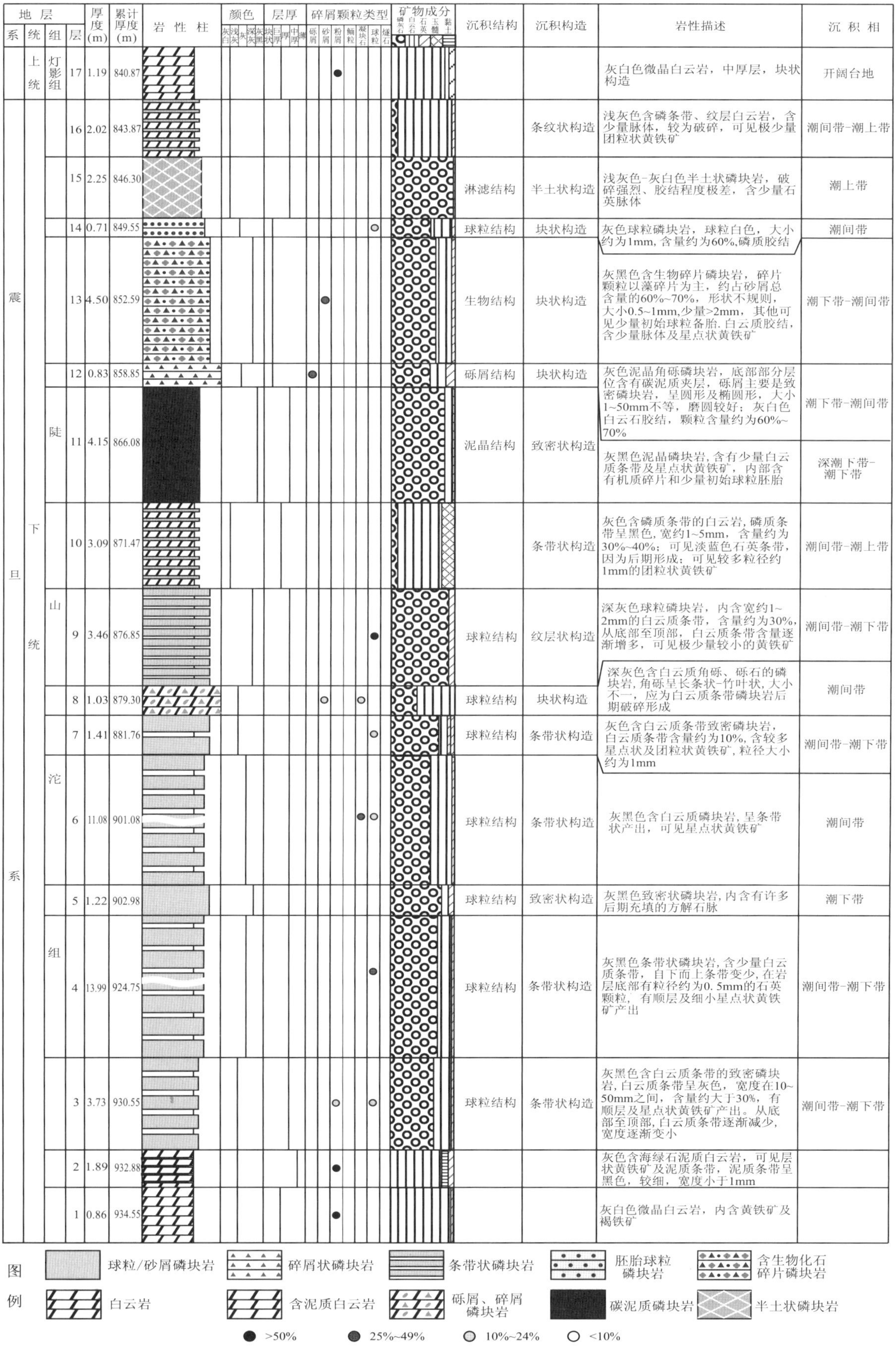

图 4-17 瓮福矿区 ZK511 钻孔陡山沱组沉积相柱状图

2. 古陆边缘沉积区

陆缘沉积区在地层上与障壁湾沉积区有明显差异,本区域往往只发育一层磷矿层,且矿层厚度远小于障壁湾内磷矿层(图4-18)。陡山沱初期,本区同样发育一层由细砂岩、粉砂岩、黏土岩组成的陆源细碎屑岩沉积序列(F3),层内可见透镜状层理、波状层理,为海侵初期陆源边缘的潮间-潮上带沉积。随海平面进一步上升,陆源输入渐少,海水碳酸根离子浓度渐增,沉积岩性逐渐由陆源碎屑岩转变为海相白云岩沉积(F5),层内可见溶蚀孔洞,白云岩层内混有粉砂岩角砾、碎屑(图版14c),可能为附近或下伏已沉积地层受水流机械破碎带入,也可能为后期成岩、构造作用影响所致。含砾石的白云岩沉积过后局部地区开始进入磷矿层沉积,但与障壁湾内发育稳定的a、b矿层不同,古陆区磷矿层沉积分布极不均匀,矿层底部往往有溶蚀孔洞发育,矿石类型以含竹叶状、碎屑状磷质砾屑的磷块岩(F11)为主,砾石大小为0.2~3cm,含量为20%~30%,砾石排布近水平状,分选磨圆较好,胶结物以白云石为主,含少量磷质砂屑颗粒,为风暴流或通道内高能水体激荡、冲刷、沉积的结果,其磷质砾屑一般来自于附近地区已沉积的磷矿层;砾屑磷块岩上覆一层纹层状砂屑磷块岩沉积(图版14a),磷质砂屑形态、纹层特征与开阳地区极为相似,磷质砂屑颗粒磨圆一般较好,颗粒周围存在较厚等厚环边(图版15f),颗粒大小为0.1~0.2mm,磷质纹层内颗粒含量高(80%~90%),排列紧密,环边接触胶结,粒间孔隙充填有中磷质泥晶胶结,白云质纹层中磷质颗粒含量较低(40%~50%),亮晶白云石基底式胶结,与开阳地区相类似,纹层状砂屑磷块岩为水流冲刷、破碎、分选、堆积原生沉积磷块岩的结果,出现纹层的原因一般为海平面不断震荡导致水动力条件和水体沉积介质变化而形成磷质或白云质胶结物;纹层状磷块岩顶部再次发育含竹叶状砾石、碎屑磷块岩(图版

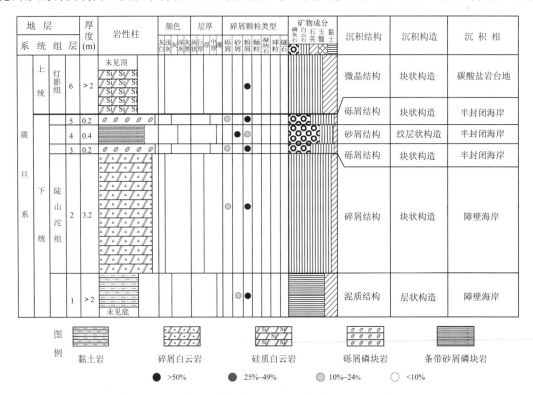

图4-18 瓮福矿区ZK1903钻孔陡山沱组沉积相柱状图

14b),磷质竹叶状砾石大小为0.5~3cm,砾石形态多样,菱角状至磨圆状均有分布,总体磨圆较差,砾石内部结构形态与纹层状磷块岩相同,为下伏纹层状磷块岩受激荡水平破碎并原地堆积而成。

由于古陆边缘沉积区地势相对较高,海水极浅,推测本区地层在暴露期并未沉积地层,而是受到水流冲刷、破碎、分选、再沉积作用,早期沉积的磷矿层遭受破坏,层位上缺失,而暴露期后海侵使磷质砂屑颗粒、竹叶状及碎屑状磷质砾石再次沉积,局部地区也发育自生沉积磷灰石胶结物,但与开阳地区磷矿床相类似,为两期次成矿综合作用的结果,但由于整体水动力相对弱于开阳滨岸海滩环境,且沉积环境相对局限,加之离古陆更近,水流对陆源碎屑颗粒的分析作用较弱,因此矿层中石英一类内陆源碎屑颗粒含量相对较高。

四、遵义、丹寨地区沉积相及古地理特征

组成遵义、丹寨地区陡山沱组含磷岩系的主要岩石类型是黑色粉砂质页岩、硅质岩、磷块岩和泥晶白云岩(图4-19),与开阳、瓮福地区的磷块岩、白云岩、白云质磷块岩组合有明显差异。遵义、丹寨地区陡山沱组黑色粉砂质页岩呈薄层状,可见微细水平层理,其主要组成矿物为石英、长石、云母等陆源碎屑矿物颗粒,一般含少量碳氟磷灰石矿物;硅质岩、白云岩呈黑色薄层致密状,一般以夹层或透镜体的形式赋存于粉砂质页岩层中;磷块岩呈深灰色—灰黑色薄层状、透镜体状或结核状(F13)(图版11d、e),矿石外观呈致密状,泥晶结构,主要组成矿物为碳氟磷灰石,副矿物为细粉砂岩、黏土矿物等(图版12g、h),在丹寨地区磷块岩层中还可见少量似球粒生物化石(图版6g、h)。遵义、丹寨地区岩性组合表明本区陡山沱期沉积环境为较平静的水况和还原条件,在黔中地区古地理图中可见遵义地区处黔西内陆棚沉积区,而丹寨地区处于黔东南外陆棚沉积区。水深较大的沉积环境生命活动较为微弱,缺少磷质聚集源动力,因此很难形成大规模的磷块岩沉积,且深水环境磷质沉积较为分散,无法通过水流机械分选等作用使磷质富集,因此在遵义、丹寨这些陆棚深水相,很难形成大规模磷矿床,磷块岩往往呈夹层、透镜体或结核状分布,磷块岩层在陡山沱组分布较分散,无固定的层位,矿石品位差异变化较大,在地区分布上也极不稳定。

五、古地理及其控矿作用

1. 陡山沱早期古地理及其对磷矿的控制作用

陡山沱早期黔中地区迎来了冰期后的第一次大规模海侵,黔中大部分地区在南华纪晚期暴露地表,无冰碛砾岩沉积物,海侵使本地区被海水淹没,并开始发育一系列的陆源碎屑沉积物。开阳地区陡山沱组底部海绿石砂岩厚度逐渐变大(图4-3),砂岩粒度逐渐变细,由砾—砂—粉逐渐变化,指示自黔中古陆至北东延伸海水深度不断增加;瓮福地区自近岸陆缘向障壁湾中心逐渐由陆源碎屑砂岩、黏土岩向盖帽白云岩转变,自黔中古陆向东部、东南部延伸水深不断增大。虽然由于全球冰盖解封海底富磷海水已开始进入表层浅海,但在近岸浅水地区磷质聚集程度较低,且陆源碎屑输入和海水中过量的碳酸盐含量均不利于磷块岩的沉积,故在陡山沱初期主要发育陆源碎屑沉积,并没有形成大规模磷块岩沉积。海侵规模进一步扩大,深部富磷海水随上升洋流不断上涌,开阳、瓮福地区开始出现磷矿石沉积,陡山沱早期黔中古陆古地理面貌控制了早期磷块岩的沉积。开阳地区温泉—洋水—永温—冯三一线的上临滨-下临滨相(图4-9)及瓮福障壁湾内潮间带-潮下带成为磷块岩沉积的优势区,一方面适宜的海水

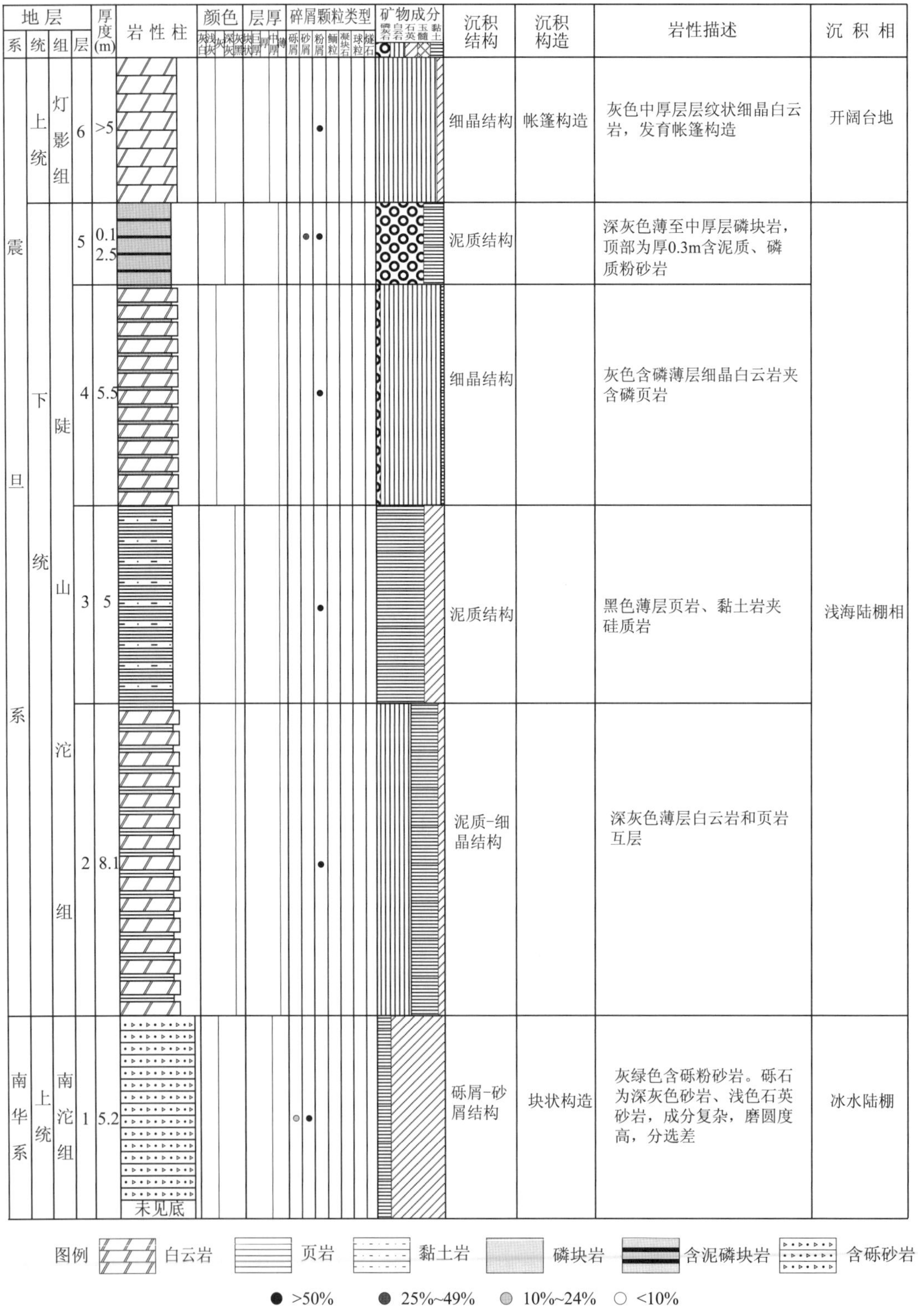

地层			厚度(m)	岩性柱	颜色			层厚		碎屑颗粒类型				矿物成分				沉积结构	沉积构造	岩性描述	沉积相
系	统	组层			深灰白云	灰灰岩	深灰页岩	薄	厚	砾屑	砂屑	鲕粒	球粒	磷亮晶	云层	石英	黏土				
震旦系	上统	灯影组	6 >5						●									细晶结构	帐篷构造	灰色中厚层层纹状细晶白云岩, 发育帐篷构造	开阔台地
	下统	陡山沱组	5 0.1 2.5							● ●				●				泥质结构		深灰色薄至中厚层磷块岩, 顶部为厚0.3m含泥质、磷质粉砂岩	浅海陆棚相
			4 5.5						●								细晶结构		灰色含磷薄层细晶白云岩夹含磷页岩	
			3 5						●								泥质结构		黑色薄层页岩、黏土岩夹硅质岩	
			2 8.1						●								泥质-细晶结构		深灰色薄层白云岩和页岩互层	
南华系	上统	南沱组	1 5.2						● ●				○				砾屑-砂屑结构	块状构造	灰绿色含砾粉砂岩。砾石为深灰色砂岩、浅色石英砂岩,成分复杂,磨圆度高,分选差	冰水陆棚

图例: 白云岩 页岩 黏土岩 磷块岩 含泥磷块岩 含砾砂岩

● >50%　● 25%~49%　● 10%~24%　○ <10%

图 4-19　丹寨地区番仰剖面陡山沱组沉积相柱状图

深度为深部上升洋流携带磷质输入浅水聚集的最佳区域,另一方面表层海水的生物繁盛与底层海水磷酸盐浓度迅速形成正反馈,海水中磷酸盐浓度不断聚集,并形成初期的磷块岩沉积。开阳白泥坝—翁昭一线及瓮福陆缘近岸带,海水较浅,上升洋流进入浅水地区后磷质会在透光层被生物利用或沉积成矿,导致极浅的海水中磷质聚集能力较低,且受陆源碎屑颗粒不断输入的影响,很难形成磷矿石的大规模沉积,在永温勘查区西部、新寨勘查区东北部水下隆起同样由于水体较浅,也未形成磷块岩沉积;在海水较深的陆棚斜坡带,同样受海水磷质均一化影响,海水磷酸盐浓度很难达到饱和,仅依靠在沉积物-水界面以下的孔隙水中或底栖生物聚集沉积磷灰石颗粒,很难形成连续的磷灰石沉积。可见陡山沱组早期古地理对于磷灰石自生沉积有很大的影响,仅在水体深度适中的临滨相或潮间-潮下带有利于磷灰石沉积成矿。

2. 陡山沱中期古地理及其对磷矿的控制作用

陡山沱中期,伴随大规模海退,海平面再次下降,开阳地区白泥坝—翁昭一线已完全处于海平面以上,而温泉—洋水—永温一线以南成为暴露区(图4-10),仅当周期性海平面达到最高时海水才能淹没,无沉积地层(图4-5),因此永温等地区陡山沱早期形成的磷块岩在本期接受了较长时间的暴露、淋滤作用,由于矿物风化特性,碳酸盐岩矿物最易风化,磷酸盐矿物较为稳定,且初始磷块岩中常见的Ca^{2+}、Mg^{2+}、Na^+、K^+、CO_3^{2-}、SO_4^{2-}、Cl^-等易迁移,因此淋滤作用使磷块岩中的无用元素风化、流失,使磷块岩品位提升。而新寨以北包括瓮福地区地势相对较深,在本期处于平均高潮线与平均低潮线之间,在a矿层沉积基础之上发育了白云岩沉积(图4-10),其溶蚀孔洞等暴露标志明显,并充填有硅质、碳质等(图版2b、2c),因此新寨、瓮福地区受暴露、淋滤作用较弱,陡山沱早期沉积的矿层受破坏程度相对较低,无用元素流失不明显,所以新寨、瓮福磷矿床品位相比地势较高、暴露时间更长的洋水、永温、温泉等地区较低。

3. 陡山沱晚期古地理及其对磷矿的控制作用

经短暂的海退后,陡山沱晚期再次海侵,海平面又一次大规模上升,海水再次淹没至白泥坝—翁昭一线以南(图4-11),同陡山沱初期相似,海水深度适中的上临滨-下临滨带或潮间-潮下带仍为海水优势聚磷区。古陆近岸带难以形成磷灰石的自生沉积,但水流冲刷将附近的磷质碎屑带入,使本地区有少量磷矿层产出,但往往分布不均且品位较低(图4-6,图4-8)。开阳地区温泉—洋水—永温一带在前中期沉积、淋滤形成高品位矿床的基础上,再次直接接受磷质沉积,即前期形成的磷块岩受水流冲刷、破碎作用影响形成磷质颗粒,并在这一过程中遭受多期次的暴露、淋滤影响,本身已形成了较高品位的磷矿床,而陡山沱晚期矿层再次接受磷质胶结,形成多期次磷质胶结,仅可见一层磷矿床(图4-14),但为开阳地区矿层厚度最厚、品位最高的矿床分布区(图4-6,图4-8)。由于磷酸盐饱和浓度较高,沉积速率远低于碳酸盐,沉积范围也受限制,水体较浅易形成白云质或硅质胶结,水体较深易形成泥质胶结,经受破碎、泥裂、淋滤作用的高品位磷矿床同样可能会受到白云质、硅质或泥质的胶结而使品位有所降低。而新寨、瓮福地区在夹层白云岩、硅质岩、硅质白云岩的基础上沉积b矿层磷块岩,由于与永温、洋水等地区直接在初期沉积的磷矿层基础上再次成矿不同,本区b矿层单独成矿,其品位很难达到优质水平,矿层分布也极不稳定(图4-6,图4-8)。

综上所述,陡山沱中晚期古地理面貌对于磷矿层的品位变化有显著影响。历经中期暴露,地势相对较高的温泉、洋水、永温等地区初期沉积的磷矿层受风化、淋滤作用影响品位显著提升,而地势较低的新寨地区暴露期仍有白云质、硅质沉积,风化、淋滤作用影响较低,品位变化不大；陡山沱晚期的海侵再次发育磷质沉积，温泉、洋水、永温等地区适中的海水深度再次受磷质胶结，品位进一步提升，形成开阳地区独特的高品位优质矿石类型，而水体较浅或较深地区形成白云质、硅质或泥质沉积导致品位有所降低；新寨、瓮福地区在陡山沱晚期独立形成 b 矿层，磷矿床厚度、品位远差于地势相对较高的上临滨带洋水、永温等地区。

4. 黔中古陆对磷矿的控制作用

受新元古代晚期全球性冰期影响，南华纪晚期黔中地区北缘、东缘均有冰碛砾岩层沉积，在福泉—瓮安—新寨—温泉—松林—石阡一线围成半封闭的海湾，海湾南部为黔中古陆，北西为川滇黔高地，未见冰碛砾岩沉积，东部是相对于北部和西部古陆相对坳陷的区域，南沱期这一古地理格局为后期成磷事件奠定了沉积基础（图 2-2）。冰期之后，由于全球性海平面上升，在扬子地台发生了来自北东向、南东向的大规模海侵，陡山沱期沉积在南沱期海口湾的基础上继承发展，川黔滇高地被海水淹没发育台地相沉积，遵义湾演变为开放的黔西陆表海沉积环境，黔东北铜仁地区由于早期地势较高，陡山沱期海侵后演变为孤立台地沉积。黔中古陆海岸线不断后移，开阳、瓮福等地区由陆地变为滨浅海沉积环境，最终形成以黔中古陆为基础的海岸沉积模式，扬子地台地势西高东西，海水自南东湘桂海盆不断侵入。陡山沱期气候变化仍不稳定，历经频繁的海侵、海退，但古地理格局总体变化不大，直至灯影期海侵规模进一步扩大，将黔中古陆完全淹没，整个扬子地台演变为碳酸盐岩台地相沉积模式。

成磷事件方面，由于新元古代末冰期时海水处在封闭还原状态，大洋磷循环处在停滞状态，深海不断聚集活性磷。磷矿床沉积主要集中在陡山沱期，冰期结束后上升洋流作用携带磷质等养分进入黔中古陆周缘浅水地区，在温暖含氧的条件下生物逐渐繁盛，使得沉积物中含有大量聚集磷的有机质，生物分解作用下释放出富含磷酸盐的物质，当达到过饱和时使得磷灰石不断沉积，故陡山沱期整个扬子地台东南缘均有磷质沉积记录，而在水下隆起的边缘、水下浅滩形成优质成矿带。贵州成磷区位于扬子地台中南部，以黔中古陆为基底，在古陆的北部、东部、东南部均发育了一定规模的磷矿床，即开阳矿区和瓮福矿区，并向北延伸至遵义、息烽地区，向东南东延伸至丹寨地区。根据不同的古地理环境可分为以下 3 种沉积相组合：无障壁型海岸相组、障壁型海岸相组和陆棚相组。

开阳地区陡山沱期位于黔中古陆北缘，整体为无障壁磷质海岸沉积环境，但伴随不稳定的气候条件和海平面的频繁波动，开阳地区的沉积环境并非一成不变。其中白泥坝—翁昭一线紧靠黔中古陆，地势最高，仅在海平面达到较高水平时被淹没，处于前滨带-后滨带交替环境，在极浅的海水环境中难以聚集磷质，不能形成自生磷灰石沉积，岩性以陆源碎屑岩为主，偶夹波浪搬运带来的碎屑磷质，因此白泥坝矿区与翁昭矿区矿层分布极不稳定，品位较低；洋水—永温—冯三矿区一线含磷岩系主要以冲刷、破碎成因的砂屑磷块岩为主，磷矿层中偶夹白云石条带，整体处于水动力较强的临滨带环境，但海平面升降频繁，矿层受多期次的暴露、淋滤、冲蚀及再胶结、沉积作用，最终形成品位较高的优质磷矿床；新寨矿区地势相对较低，一般处于下临滨-远滨沉积环境，含磷岩系以破碎成因的砂屑磷块岩和海浪搬运的碎屑磷块岩为主，在陡山沱中期大规模海退时暴露期较短，仍有夹层段沉积，分 a、b 段矿层，且新寨地区地形复杂，海底起伏较大，导致矿层厚度、品位分布不稳定，矿床质量差于洋水、永温等地区。

瓮福地区处于黔中古陆东缘，受古陆东北部半岛环绕，整体为障壁型海岸沉积环境，与开阳地区不同，水流冲刷作用对磷块岩的影响相对较弱，矿石以原生沉积生物作用相关的磷块岩为主，且瓮福地区水深相对较大，a 矿层之后的暴露期存在夹层白云岩沉积，因此对 a 矿层的淋滤改造作用较弱，b 矿层内生物作用痕迹明显，矿石多以含生物化石磷块岩为主，仅在局部地区 b 矿层顶部存在暴露、淋滤作用较强的土状、半土状磷块岩。因此瓮福地区无论 a 矿层还是 b 矿层，其平均品位均低于开阳地区单层矿(图 4-7，图 4-8)，但由于瓮福地区水深相对较大，沉积容纳空间充足，且受生物作用影响沉积的磷灰石沉积速率较快，导致瓮福地区 a、b 矿层均有较大的沉积厚度(图 4-4，图 4-6)。

遵义地区地处黔中古陆西北部黔西内陆棚沉积相区，丹寨地区地处黔中古陆东南部黔东外陆棚沉积相区，两地区沉积岩性组合相似，以中薄层粉砂岩、泥页岩及泥晶白云岩沉积为主，沉积厚度大，但磷矿层主要以透镜体形式赋存，磷质以沉积物孔隙间泥晶或结核形式沉降，分布极不稳定，单层矿体厚度一般不超过 2m，虽然局部层位内矿石品位可达 30%，但受矿层厚度及分布限制，难以形成独立大型矿床。

由以上成矿区的岩相古地理分析可知，贵州陡山沱期聚磷事件与黔中古陆古地理环境密切相关。深部富磷海水自东部上涌至扬子地台，受黔中古陆古地理条件控制，在水下隆起边缘及水下浅滩形成富磷沉积层序，在浅滩及潮坪沉积环境下为成磷优势区带，特别是临滨带或潮间带-潮下带磷块岩尤为富集，形成了开采利用价值极大的磷矿床。典型成矿区为黔中古陆北部的开阳、息烽地区及东部的瓮安、福泉地区，分别代表两种不同的磷矿成因模式。开阳地区为典型的化学沉积-暴露淋滤型磷矿床，深部富磷海水上涌使古陆边缘浅水滨岸带富磷并形成磷质沉积，海平面的频繁变化使已沉积磷块岩受多期次暴露、淋滤作用，钙质、碳酸盐质等组分流失，并再次接受磷质胶结，形成优质磷矿床；瓮福地区则为典型的生物富集型磷矿床，上升洋流携带富磷海水进入古陆周边浅水透光带，为生命活动提供丰富磷质，而生物作用进一步黏结磷质并沉降，形成较高品位生物结构磷块岩。在地势较高的隆起近岸带及地势较低的半深水缓坡，其低磷灰石沉积率和缺少聚集源动力或经历太多陆源物质的稀释，其成矿结果并不理想，所以在黔中古陆地势较高的古陆周缘地区及距古陆较远、水深较大的北部遵义地区、东南部丹寨地区均没有形成大型矿床，而黔中古陆西部、西南部清镇、织金等地，东临古陆，西靠广阔的川黔滇台地，海水输入受限，缺乏持续稳定的磷质来源也没有形成富磷沉积层序。与黔中古陆周缘相似，湘西吉首—芷江一带位于黔东北孤立台地东缘，同样存在磷矿层沉积。灯影期虽然海侵规模进一步扩大，但扬子地台普遍发育碳酸盐岩沉积，仅在局部地区局部层位发育藻叠层石一类的生物成因磷块岩。

第五章 成矿地质作用

第一节 初始成磷作用

一、黔中地区磷块岩地球化学特征

黔中地区陡山沱期磷质来源、成磷环境及初始成磷作用等问题上均存在较大争议,因此本次研究选取含磷岩系多个典型样品,通过对矿石样品地球化学特征分析、比较,探讨黔中地区磷块岩的成矿物质来源、初始生物-化学成磷作用。由于开阳地区磷块岩遭受多期次的暴露、淋滤、冲蚀作用,多期次成矿作用明显,磷矿石中地球化学变化受到较大影响,故采用瓮安、丹寨、遵义地区不同类型的典型磷矿石样品进行主量元素、微量元素、稀土元素、碳氧同位素及锶同位素地球化学分析。

(一)主量、微量、稀土元素地球化学特征

1. 瓮安地区

瓮安地区测试的样品取自瓮安县瓮福矿区钻孔(ZK032),该钻孔的大地坐标为 X:2991562.000,Y:36440105.000,开孔倾角为 90°。所采样品均位于陡山沱组含磷岩系,其中 WA1-1、WA1-2 为陡山沱组底板段细粒砂岩,WA2-1~WA2-8 为 a 矿层,主要岩性为团球粒磷块岩,WA3-1、WA3-2 为 a、b 矿层夹层,岩性为白云岩,WA3-3~WA6-4 为 b 矿层,主要岩性为团球粒、含藻磷块岩,WA6-5~WA6-6 为 b 矿层顶板硅质白云岩。

瓮安陡山沱组磷块岩样品均具有较高的 P_2O_5 含量,其中 a 矿层 P_2O_5 含量为 28.3%~38.8%(平均值 31.8%),b 矿层 P_2O_5 含量为 17.7%~36.4%(平均值为 29.4%);由于瓮安磷矿富集层大多是以 CaO、P_2O_5 组成的磷酸盐矿物为主体,样品中 CaO 含量较高(30.4%~53.9%,平均值为 45.3%);a 矿层磷块岩样品 SiO_2 含量、Al_2O_3 含量及 Fe_2O_3 含量(SiO_2:6.43%~9.98%,平均值为 8.14%;Al_2O_3:1.14%~1.94%,平均值为 1.57%;Fe_2O_3:0.56%~1.52%,平均值为 1.15%)明显高于 b 矿层(SiO_2:0.43%~7.59%,平均值为 1.86%;Al_2O_3:0.05%~1.66%,平均值为 0.27%;Fe_2O_3:0.13%~0.87%,平均值为 0.30%);b 矿层中 MgO 含量(2.82%)略高于 a 矿层(平均值为 1.65%);除此之外,瓮安磷块岩中其他主量元素 MnO、K_2O、Na_2O、TiO_2(其中 a 矿层 MnO 含量略高,平均值为 0.13%,b 矿层平均值为 0.04%)含量均小于 1%。主量元素数据表明,瓮安磷矿中 a、b 矿层的 P_2O_5 含量均较高,磷矿富集层大多以 CaO、P_2O_5 组成的磷酸盐矿物为主体,其中 $CaO+P_2O_5$ 含量达 71%~93%,由于磷块岩中有碳酸盐岩胶结,含一定的白云质成分,所以碳酸盐矿物也占较大比例。Al_2O_3、Fe_2O_3 含量较低,显示正常海相沉积特征,陆源碎屑颗粒输入含量较低。瓮安地

区磷块岩比白云岩、白云质磷块岩中 SiO_2 含量高，SiO_2 的沉积需要具备低温、低压、中酸性和富含阳离子 Si 饱和溶液等因素，所以含磷层位中的硅质与当时出现的低温上升洋流带来富含水溶性 SiO_2 的因素有关。

与正常沉积的碳酸盐岩相比，瓮安磷矿中的 Ba、As、Cu、Pb、Sr 等元素有明显的富集，而 Ni、V 等元素则存在亏损（表 5-1）。Ba、As、Cu、Pb、Sr 等元素均与生物作用有关，特别是 Ba、As 元素的富集与大洋中藻类生物密切相关。以上元素的富集，说明瓮安磷矿在沉积过程中与生物作用密切相关。此外，Sr 在磷块岩中含量高于页岩、碳酸盐岩及地壳的平均值，这是由于 Sr 能以类质同象的方式进入磷灰石晶格。

表 5-1 瓮安地区磷块岩微量元素与碳酸盐岩数值对比（单位：$\times 10^{-6}$）

样品	As	Ba	Cr	Cu	Mo	Ni	Pb	Sb	Sr	V	Zn
a 矿层	9.6	267.5	13.1	5.9	1	2.6	16.9	<6	914.1	16.9	4.7
b 矿层	16.2	306.7	20.7	4.8	5	4	10.1	5	801.9	7.3	50
碳酸盐岩	1	100	—	4	—	20	9	—	610	20	20
比较	富集	富集		富集		匮乏	富集		富集	匮乏	

稀土元素方面，a 矿层磷块岩样品普遍具有较高的 ΣREE 值（$159.2\times 10^{-6}\sim 428.7\times 10^{-6}$，平均值为 225.9×10^{-6}），b 矿层 ΣREE 值相对较低（$23.9\times 10^{-6}\sim 368.1\times 10^{-6}$，平均值为 109.0×10^{-6}）。总体来看，与地壳平均丰度稀土元素总量（178.0×10^{-6}）和泥质岩平均含量（144.9×10^{-6}）相比，瓮安陡山沱期磷块岩 a 矿层稀土元素总量较高，b 矿层稀土元素总量较低，但均远远大于碳酸盐岩的平均丰度（28.74×10^{-6}），低于太平洋海山磷块岩（371×10^{-6}）。北美页岩标准化稀土元素配分曲线显示（图 5-1～图 5-3）瓮安磷块岩都有着相似的稀土元素配分模式，这一种分配模式与下奥陶统磷质化石中稀土元素富集的"帽型"配分模式类似。这种"帽型"的中稀土元素富集的元素配分模式被认为是中生代之前沉积的磷块岩特有的配分模式，可以记录磷灰石沉积时海水的地球化学特征（Llyin et al，1998），但一部分学者认为"帽型"分配的磷块岩是受成岩作用改造导致重稀土亏损而形成的配分模式（Gnandi and Tobschall，2003），但其与经过强烈的后生改造的"上凸型"模式不同。瓮安磷块岩 a、b 矿层稀土配分模式 Ce 异常明显不同（图 5-1，图 5-3），a 矿层 δCe 值为 0.81～0.97，表现为弱负异常至无异常，夹层白云岩 0.097～0.75，而 b 矿层 Ce 负异常明显，δCe 为 0.48～0.63（表 5-2）。Ce 有 +3 价和 +4 价两个价态，海水中 +3 价的 Ce 是可以以游离态存在的，但是在氧化环境下 +3 价的 Ce 会被氧化成 +4 价的 Ce 并随其他离子结合为难溶于水的化合物快速沉淀下来，导致海相沉积物中 Ce 相对于其他的元素而显亏损出现 Ce 负异常，所以瓮安磷矿床由 a 矿层至 b 矿层磷块岩的沉积环境逐渐由次氧化—氧化转变，这种氧化—还原的改变是由分层海洋的氧化—还原界面下降引起，可能是瓮安后生动物群出现的一个关键因素（Chen et al，2003），这也与 b 矿层开始出现较高等生物相吻合。Eu 在海水中一般是以 +3 价的形态存在，但是在一定条件下 +3 价的 Eu 可被还原为 +2 价的 Eu 而使形成的沉积物中出现 Eu 的正异常。海相沉积物中出现 Eu 的正异常一般有两种可能：一是在沉积过程中有富含 Ca 的长石类矿物的火成岩碎屑加入；二是沉积过程中有较高温度和强还原性的热液加入，瓮安磷块岩的

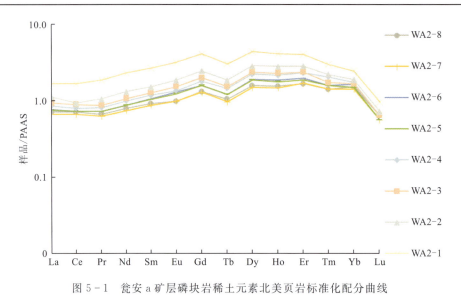

图 5-1 瓮安 a 矿层磷块岩稀土元素北美页岩标准化配分曲线

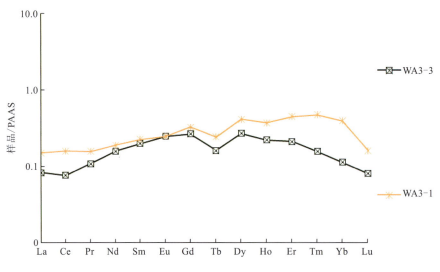

图 5-2 瓮安夹层白云岩稀土元素北美页岩标准化配分曲线

Eu 负异常不明显,在 0.87～0.99 之间(表 5-2),故表明瓮安磷块岩沉积成岩过程中未受热液活动影响。

2. 遵义地区

遵义地区测试样品剖面采自松林剖面,GPS:N27°12′27″,E106°51′21″,所采样品主要为磷块岩、含磷页岩、黑色硅质岩、含磷硅质岩、白云岩等。所采样品中有磷块岩 4 块,P_2O_5 平均含量为 28.5%,CaO 平均含量 35.9%,Al_2O_3 平均含量为 2.84%,Fe_2O_3 平均含量为 3.17%,SiO_2 平均含量为 21.61%;磷质页岩 5 块,P_2O_5 平均含量为 13.4%,Al_2O_3 平均含量为 7.22%,Fe_2O_3 平均含量为 3.35%,SiO_2 平均含量 48.27%,CaO 含量为 16.79%;硅质岩 4 块,SiO_2 平均含量为 72.69%,P_2O_5 平均含量为 0.74%,Al_2O_3 平均含量为 9.17%,Fe_2O_3 平均含量为 1.55%;含磷硅质岩 1 块,P_2O_5 含量为 6.48%,Al_2O_3 平均含量为 8.95%,Fe_2O_3 平

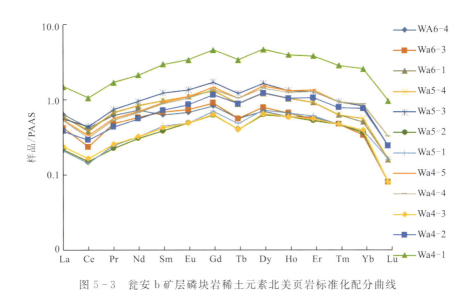

图 5-3 瓮安 b 矿层磷块岩稀土元素北美页岩标准化配分曲线

均含量为 2.49%，SiO_2 平均含量为 60.16%，CaO 平均含量为 8.3%；含磷白云岩 2 块，P_2O_5 平均含量为 2.84%，Al_2O_3 平均含量为 3.94%，Fe_2O_3 平均含量为 2.29%，SiO_2 平均含量为 26.22%，CaO 平均含量为 21.0%，MgO 平均含量为 12.2%。通过松林剖面含磷岩系主量数据及薄片鉴定可知，松林地区磷块岩主要赋存于黑色页岩中，其伴生矿物主要为泥质、石英等陆源碎屑矿物，表明遵义地区磷块岩的形成环境处于能量较低、海水较深的环境中。

表 5-2 瓮安地区磷块岩稀土元素 δCe 与 δEu 比值

样品号	WA2-1	WA2-2	WA2-3	WA2-4	WA2-5	WA2-6	WA2-7	WA2-8	WA3-1	WA3-3	WA4-1	WA4-2
岩性	a 矿层磷块岩								夹层白云岩		b 矿层磷块岩	
δCe	0.89	0.81	0.93	0.9	0.92	0.92	0.96	0.97	0.97	0.75	0.62	0.67
δEu	1.03	1.02	1.03	1.0	1.03	1.07	1.00	0.97	0.98	1.17	0.99	1.01

样品号	WA4-3	WA4-4	WA4-5	WA5-1	WA5-2	WA5-3	WA5-4	WA6-1	WA6-2	WA6-3	WA6-4
岩性	b 矿层磷块岩										
δCe	0.63	0.55	0.58	0.59	0.64	0.63	0.58	0.57	0.58	0.49	0.63
δEu	1.02	1.02	1.02	0.94	1.07	1.01	1.06	1.06	1.07	1.02	1.02

松林剖面含磷岩系中磷块岩、含磷页岩、磷质硅质岩中的生物富集元素 Ba、As、Cu、Pb 等相差不大（表 5-3），样品中的含磷量与这些生命活动相关元素没有表现出相关性，表明遵义松林地区磷块岩的沉积与生物作用关系较小，而磷块岩中 Sr 元素的富集是由于 Sr 能以类质同象的方式进入磷灰石晶格导致的。

表 5-3 遵义松林剖面含磷岩系微量元素数值对比（单位：$\times 10^{-6}$）

样品	As	Ba	Cr	Cu	Mo	Ni	Pb	Sb	Sr	V	Zn
磷块岩	31.6	325.0	24.0	1.5	1.6	6.1	13.7	0.7	459.5	20.0	35.3
含磷页岩	41.2	645.0	45.8	3.1	2.6	13.0	21.7	1.5	279.9	44.5	104.5
含磷硅质岩	40.3	960.0	73.0	2.5	5.5	12.1	7.8	1.4	273.0	65.0	140.0
含磷白云岩	19.3	340.0	26.5	3.4	2.4	12.4	11.4	0.8	221.2	24.0	89.5
硅质岩	22.6	807.5	46.8	2.2	1.9	7.3	27.1	1.5	21.5	49.8	10.5

稀土元素方面，含磷岩系样品 ΣREE 平均值最高为含磷页岩（平均值为 214.8×10^{-6}），磷块岩与含磷岩稀土元素总量相差不大（平均值分别为 83.8×10^{-6} 和 77.5×10^{-6}），白云岩和硅质岩中稀土元素含磷最少（平均值分别为 33.6×10^{-6} 和 21.0×10^{-6}）。其中含磷页岩稀土含量总值高于地壳平均丰度稀土元素总量（178.0×10^{-6}）和泥质岩平均含量（144.9×10^{-6}），而磷块岩中 ΣREE 值偏低，陆源碎屑输入可以使沉积岩样品中 ΣREE 值增高，而磷块岩样品 ΣREE 值低于含磷页岩，表明遵义松林地区磷质来源并非直接的陆源输入。PAAS 标准化稀土元素配分曲线显示（图 5-4、图 5-5），含磷页岩与磷块岩均呈平坦式分布，且均存在 Ce 负异常和 Eu 正异常，磷块岩 Ce 负异常比含磷页岩更为明显，表明次氧化—氧化环境更利于磷块岩的沉积。含磷页岩与磷块岩均有较明显的正 Eu 异常，但是在 Eu 测试过程中，由于 LA-ICP-MS 分析 REE 时，如果 ^{137}Ba 含量相对较高，就会结合氧形成氧化物 ^{153}BaO，从而干扰 ^{153}Eu 的测试结果，造成 Eu 正异常，且 δEu 与 BaO 呈正异常。而遵义松林含磷岩系中 δEu 与 BaO 无明显的相关性，说明其 δEu 值未受 BaO 影响，且 δEu 值大于 1 且与 P_2O_5 含量呈正相关（图 5-6），指示在磷块岩沉积过程中受热液影响，但由于遵义地区磷页岩与磷块岩稀土元素配分曲线有"上凸式"趋势，因此极有可能是受后期成岩作用影响，而非沉积期热液影响。

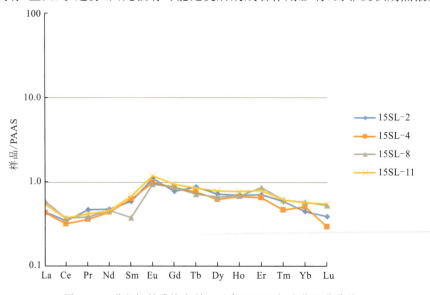

图 5-4 遵义松林磷块岩稀土元素 PAAS 标准化配分曲线

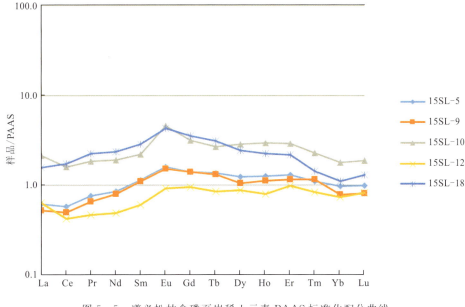

图 5-5　遵义松林含磷页岩稀土元素 PAAS 标准化配分曲线

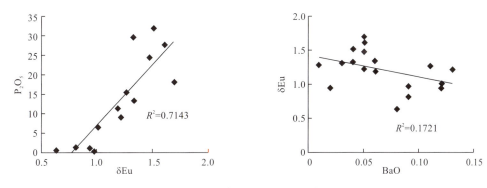

图 5-6　遵义松林地区含磷岩系 P_2O_5 含量与 BaO 含量对比图

3. 丹寨地区

丹寨地区磷块岩样品采自番仰剖面，GPS：N 26.18′36″，E 107°52′24″，其中磷块岩 5 块，含磷碳质页岩 1 块，其余均为碳质页岩、泥岩及粉砂岩样品。磷块岩样品中 P_2O_5 平均含量为 30.8%，CaO 平均含量为 44.0%，Al_2O_3 平均含量为 1.20%，Fe_2O_3 平均含量为 1.36%，SiO_2 平均含量为 12.62%。番仰剖面磷块岩主量元素特征与瓮安相类似，主要成分为 P_2O_5 和 CaO，陆源成分相对较少。

丹寨地区磷块岩与黑色页岩样品中微量元素有明显的差异，磷块岩中生物相关元素 Ba、As、Cu、Pb、Sr、Zn 等较黑色页岩有明显的富集（表 5-4），由于 Ba、As 等微量元素的富集与大洋中藻类生物有关，结合薄片观测出丹寨地区磷块岩中存在生物球粒，故本地区磷块岩的形成与生物富集磷质密切相关。

表 5-4 丹寨地区含磷岩系微量元素与碳酸盐岩数值对比（单位：$\mu g/g$）

样品	As	Ba	Cr	Cu	Mo	Ni	Pb	Sb	Sr	V	Zn
磷块岩	34.3	1221.7	31.7	28.3	18.3	26.8	14.9	0.7	972.7	19.3	67
碳质页岩	8.3	827.5	48.8	4.8	1.0	4.7	10.5	0.5	59.5	60.9	14.0
比较	富集	富集	匮乏	富集	富集	富集	富集	持平	富集	匮乏	富集

丹寨番仰剖面中磷块岩稀土元素含量明显高于其他碳质页岩，其中磷块岩$\sum REE$平均值185.3×10^{-6}，碳质页岩$\sum REE$为63.5×10^{-6}，磷块岩稀土含量较高的原因可能是生物作用的加入和磷块岩本身沉积速率较慢、与海水接触时间较长。PAAS 标准化稀土元素配分曲线显示（图 5-7），丹寨地区磷块岩样品与瓮安地区磷块岩稀土元素配分曲线相似，呈"帽型"配分模式，但相对平坦，中稀土富集程度相对较弱，样品均表现出 Ce 负异常，表明处在次氧化-氧化沉积环境，有 Eu 正异常，但由于样品中 BaO 含量较高，且 δEu 值与 BaO 呈正相关（图 5-8），推测期 Eu 正异常与遵义松林地区热液作用或成岩作用影响不同，是受到了 BaO 的干扰。综上所述，本地区磷块岩的成因与瓮安地区相似，推测为生物富集磷质并最终导致磷块岩沉积。

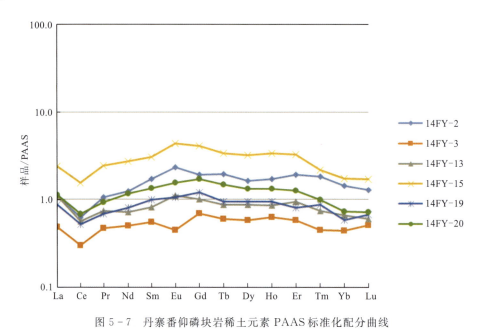

图 5-7 丹寨番仰磷块岩稀土元素 PAAS 标准化配分曲线

（二）碳氧同位素地球化学特征

震旦纪、寒武系之交一系列的气候突变、海水化学成分转变等重大地质事件导致海相碳酸盐岩的碳同位素表现出一定的飘逸规律。地质事件打破了原有的生物圈、水圈及大气圈的碳同位素动态平衡，导致各圈层内含碳物质的碳同位素组成有明显变化，而海相碳酸盐岩反映同期海水碳同位素组成，可以通过碳稳定同位素偏移来反映地质事件。目前，整个华南震旦系台

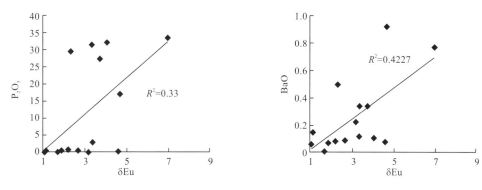

图 5-8 丹寨番仰地区含磷岩系 P_2O_5 含量与 BaO 含量对比图

地相剖面共报道了 4 个碳同位素负异常,其中陡山沱期分辨出较为明显的 2 个负异常,最早的异常出现于陡山沱组底部盖帽碳酸盐岩中(约 635Ma),并提出了"雪球地球"假说(Hoffman et al,1998)、上升流假说(Kaufman et al,1993)、甲烷逃逸(Kennedy et al,2001)和"淡水分层模式"假说来解释(王新强等,2010),第二个负异常出现在陡山沱组中部,出现的时间有 580Ma 和 595Ma(Zhu et al,2007)。

瓮安地区含磷岩系碳氧同位素测试样品共 30 个,其中除 WA3-3 碳氧含量太低无法检测外,其他样品中的 $\delta^{13}C$ 值介于 $-4.79‰\sim3.36‰$ 之间,$\delta^{18}O$ 值为 $-10.22‰\sim-1.95‰$(表 5-5)。由于开阳地区磷块岩受明显的淋滤、冲蚀及再造,而瓮安地区磷块岩沉积深度相对较深,主要为微生物黏结的球粒磷块岩或藻磷块岩,故选用瓮安地区样品进行测试。虽然测试样品均取自钻孔,未受到表面风化作用影响,但是磷块岩成岩过程中同样会受白云石、石英等矿物胶结,且后期成岩作用中流体作用也会对碳同位素准确性产生影响。海相自生岩石沉积期后,特别是在大气水循环的影响下,将发生 Sr 的损失和 Mn 的加入(Veizer et al,1999),一般认为样品中的 Mn/Sr、$\delta^{18}O$ 值等指标可用于评价样品的后期成岩变化。一般认为,Mn/Sr<10 通常保留了原始碳酸盐岩的碳同位素组成(Kaufman et al,1995)。瓮安地区磷块岩样品除夹层白云岩(WA3-2)样品 Mn/Sr 值极高外,其余样品 Mn/Sr 值均小于 10(表 5-5),这可能是由于夹层白云岩为海退导致暴露所致,白云岩受后期成岩作用影响较大;Mn/Sr 值与 P_2O_5 呈一定负相关关系(图 5-9);但是由于 Mn/Sr 主要适用于碳酸盐岩,磷块岩中 Sr 可以通过类质同象进入磷灰石晶格,其 Sr 含量本身较高,且样值来判断磷块岩是否受后期影响并不准确。此外,样品中的 $\delta^{18}O$ 值可用于评价碳酸盐岩样品中的后期成岩作用和热扰动作用程度,碳酸盐岩的氧同位素组成对蚀变作用灵敏,水-岩交换作用能使原岩 $\delta^{18}O$ 值降低(Kaufman et al,1995),如果样品 $\delta^{18}O$ 大于 $-10.0‰$ 表明样品未受成岩后期作用和热扰动作用的影响,保留了最初 $\delta^{13}C$ 的值。瓮安地区磷块岩样品 $\delta^{18}O$ 值几乎全部大于 $-10.0‰$(表 5-5)。$\delta^{13}C$ 值与 $\delta^{18}O$ 值二者是否存在线性关系也能在一定程度上判断样品是否遭受后期改造,成岩作用会导致 $\delta^{13}C$ 值与 $\delta^{18}O$ 值呈现一定的正相关。瓮安地区磷块岩中 $\delta^{13}C$ 值与 $\delta^{18}O$ 值具有一定的相关性(图 5-10),线性回归系数 $R^2=0.56$,表明瓮安地区磷块岩部分样品受到了一定成岩作用影响,但是综合各方面指标来讲成岩作用对 C、O 同位素测试影响不大。

表 5-5 瓮安 ZK032 钻孔碳氧同位素及 Mn/Sr 比值数据表

样品位置	样品号	岩性	$\delta^{13}C_{V\text{-}PDB}$(‰)	$\delta^{18}O_{V\text{-}PDB}$(‰)	Mn/Sr
矿层底板段	WA1-1	砂质白云岩	-2.24	-5.46	3.81
	WA1-2	砂质白云岩	-0.63	-3.91	7.41
a 矿层	WA2-1	磷块岩	-2.67	-8.26	1.00
	WA2-2	磷块岩	-2.14	-7.30	1.15
	WA2-3	磷块岩	-2.45	-7.76	1.39
	WA2-4	磷块岩	-1.99	-8.05	0.85
	WA2-5	磷块岩	-0.59	-5.13	2.11
	WA2-6	磷块岩	-2.83	-8.80	0.56
	WA2-7	磷块岩	-2.19	-7.58	0.70
	WA2-8	磷块岩	-1.25	-7.22	0.77
夹层	WA3-1	含磷白云岩	1.00	-1.95	6.18
	WA3-2	白云岩	1.07	-4.57	40.23
b 矿层	WA4-1	磷块岩	-1.89	-6.32	0.16
	WA4-2	磷块岩	-4.79	-10.22	0.08
	WA4-3	磷块岩	-3.06	-4.05	0.67
	WA4-4	磷块岩	-3.94	-5.18	0.32
	WA4-5	磷块岩	-2.56	-6.40	0.14
	WA5-1	白云质磷块岩	-1.21	-2.67	0.72
	WA5-2	白云质磷块岩	0.95	-2.46	1.55
	WA5-3	白云质磷块岩	0.87	-3.74	0.98
	WA5-4	磷块岩	-2.02	-6.97	0.11
	WA6-1	磷块岩	-0.34	-4.70	0.28
	WA6-2	含磷白云岩	0.11	-4.55	3.78
	WA6-3	磷块岩	1.08	-4.71	0.42
	WA6-4	磷块岩	0.08	-5.63	0.12
	WA6-5	含磷硅质白云岩	2.54	-2.66	2.93
灯影组白云岩	WA7-1	硅质白云岩	2.36	-2.99	7.32
	WA7-2	白云岩	3.36	-3.58	4.75
	WA7-3	白云岩	2.78	-3.42	6.47

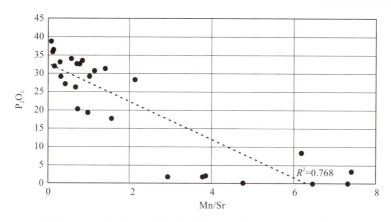

图 5-9 瓮安 ZK032 钻孔样品 Mn/Sr 值与 P_2O_5 含量关系图

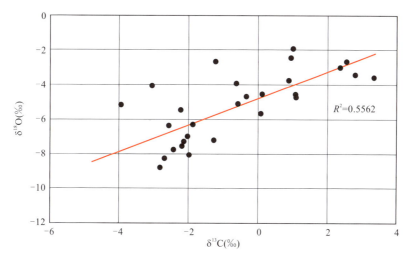

图 5-10 样品 $\delta^{13}C$ 值与 $\delta^{18}O$ 值相关性图

瓮安地区 ZK032 钻孔碳同位素组成演化曲线如图 5-11,由图可见,陡山沱初期对应的含磷砂质白云岩(对应盖帽白云岩层)$\delta^{13}C$ 呈明显负漂移,但负漂移量逐渐减小,进入成矿期后,$\delta^{13}C$ 为明显的负漂移变化,除 WA2-5 负漂移较小(−0.54‰)外,a 矿层其余样品负漂移均较明显(−2.83‰~−1.25‰),夹层暴露期 $\delta^{13}C$ 变为正漂移(1.00‰),再次进入成矿期后,磷块岩中 $\delta^{13}C$ 表现出明显的负漂移(−4.79‰~−1.89‰),随后成磷作用减弱,白云质磷块岩中 $\delta^{13}C$ 表现出正漂移(−1.21‰~0.95‰),而继续沉积的球粒磷块岩 $\delta^{13}C$ 再次负漂移(−2.02‰~−0.34‰),之后 $\delta^{13}C$ 逐渐表现出正漂移,至灯影组白云岩正漂移量不断增大。

ZK032 钻孔碳同位素组成演化曲线(图 5-11)显示无论是 a 矿层磷块岩还是 b 矿层磷块岩 $\delta^{13}C$ 均为明显负漂移,成磷事件往往伴随 $\delta^{13}C$ 负漂移,这可能与上升洋流作用有关。在新元古代 Marinoan 冰期,洋流停滞,海水分层,冰期结束后,低纬度地区冰川开始融化,原先封闭的海洋体系逐渐被打开,大洋环流作用增强,有利于海水倒转,并最终形成上升洋流,且表层海水受陆源分化影响盐度增加,密度增大形成下沉,也导致海水倒转。上升洋流携带深部海水 ^{12}C 和磷质进入浅海,表层水体生物繁盛,有机质降解使底层水 O_2 耗尽,并释放 ^{12}C 和磷质,

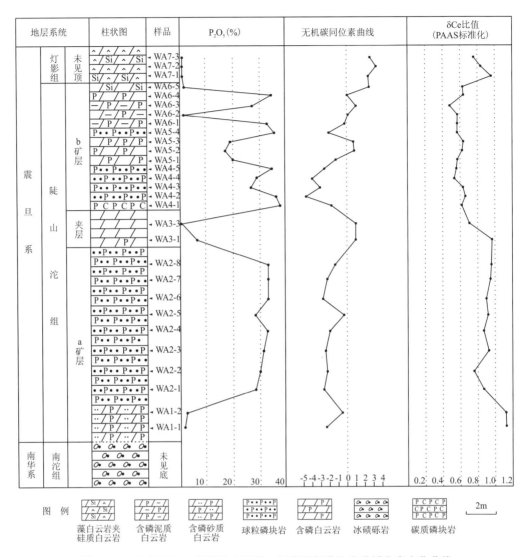

图 5-11 瓮安 ZK032 钻孔陡山沱期-灯影早期磷块岩碳同位素变化曲线

底部海水形成富^{12}C和磷的有利成磷环境,最终形成δ^{13}C负漂移的磷块岩沉积。

(三) Sr 同位素地球化学与磷质来源示踪

在化学与生物化学过程中,锶不会产生同位素分馏,因而在研究物质迁移和变化过程中,^{87}Sr/^{86}Sr 是有效的示踪剂。Palmer 等(1989)确定海水中锶同位素有 2 个来源:①大陆古老的硅铝质岩石化学风化所提供的相对富放射性成因的壳源锶,具有较高的 ^{87}Sr/^{86}Sr 值,全球平均值为 0.7119;②洋中脊热液系统所提供的相对贫放射性成因的幔源锶,具有较低的 ^{87}Sr/^{86}Sr 值,全球平均值为 0.7035。现代海水的 ^{87}Sr/^{86}Sr 值便是这 2 个来源锶混合的结果,其平均值为 $0.709\,073 \pm 0.000\,003$(Elderfield et al,1982)。大陆岩石经过化学风化作用将锶释放出来,经过河流搬运入海并与洋中脊热液活动从上地幔带入的低比值锶相混合,海洋中锶同位素组成的变化就是这两种锶源的相互作用,从而反映了物质来源的重要信息。锶在海水中的残留时间($\approx 10^6$ a)远远长于海水的混合时间($\approx 10^3$ a),因而任一时代全球海水锶元素在同位素组成上是均一的,不受纬度、深度的影响(McArthur et al,1994)。当海相碳酸盐形成时,保存了当时地质条件下海水锶同位素组成的信息,因而可以通过对未受成岩后生变化影响、保存好的碳酸盐岩的分析来获得过去的海水锶同位素记录。Sr 可以以类质同象的状态进入磷灰石晶格,所以磷灰石是富 Sr、贫 Rb 矿物,分析磷灰石中 Sr 同位素组成对研究磷块岩成岩过程中磷质来源具有重要指示意义。

瓮安地区含磷岩系 Sr 同位素测试样品取自瓮安县瓮福矿区钻孔(ZK032),该钻孔的大地坐标为 X:2991562.000,Y:36440105.000,开孔倾角为 90°。所有样品均为 ZK032 钻孔中陡山沱组样品,自下而上依次取样,其中 WA1-2 为陡山沱组底部砂岩,WA2-2 和 WA2-6 为陡山沱组 a 矿层磷块岩样品,WA3-2 为 a、b 矿层夹层白云岩样品,WA4-2~WA6-3 为 b 矿层磷块岩样品(表 5-6)。

表 5-6 瓮安含磷地层主量元素含量及 Sr 同位素比值

样品	岩性	层位	$^{87}Sr/^{86}Sr$ 测试值	$^{87}Sr/^{86}Sr$ 校正值
WA1-2	细砂岩	陡山沱组底板	0.709 933	0.709 173 847
WA2-2	a 层磷块岩	陡山沱组 a 矿层	0.708 649	0.709 422 170
WA2-6	a 层磷块岩	陡山沱组 a 矿层	0.708 759	0.709 397 792
WA3-2	白云岩	a、b 矿层夹层	0.709 240	0.708 347 178
WA4-2	b 层磷块岩	陡山沱组 b 矿层	0.712 280	0.709 507 363
WA5-1	b 层磷块岩	陡山沱组 b 矿层	0.708 960	0.708 933 829
WA5-4	b 层磷块岩	陡山沱组 b 矿层	0.709 505	0.709 436 522
WA6-3	b 层磷块岩	陡山沱组 b 矿层	0.710 131	0.710 102 341

碳酸盐矿物、磷灰石等海相自生矿物继承了海水中 $^{87}Sr/^{86}Sr$ 比值并未发生分异。据 Sawaki 等(2009)对三峡地区陡山沱组—灯影组碳酸盐岩 Sr 同位素曲线,震旦纪扬子地台碳酸盐岩 $^{87}Sr/^{86}Sr$ 比值平均值由老至新呈上升趋势(0.708~0.709),平均值为 0.7084。瓮安地区含磷岩系 WA3-2 白云岩样品中 $^{87}Sr/^{86}Sr$ 比值为 0.783 47,与三峡地区陡山沱组碳酸盐岩 Sr 同位素比值相近,可认为是瓮安地区陡山沱期海水中 Sr 同位素组成。瓮安含磷岩系样品除 WA6-3 外,其余样品 $^{87}Sr/^{86}Sr$ 比值与 P_2O_5 含量呈明显的正相关关系(图 5-12),且 $^{87}Sr/^{86}Sr$ 比值明显高于同期海水平均值,表明瓮安磷块岩中的磷质来源于陆源。$^{87}Sr/^{86}Sr$ 比值与 Al_2O_3 含量无明显的线性关系(图 5-12),虽然沉积物中 Al_2O_3 含量与陆源输入有关,但来自陆源的磷进入海水后并不是一个简单的沉积过程。陆源输入的大多数微粒悬浮态的磷保持在矿物晶格中并不参与大洋磷循环,由于海水较高 pH 值(弱碱性)和离子缓冲较强,微粒悬浮态磷很难被溶解,所以大陆风化的磷有相当一部分直接沉积在陆缘或深海中(Filippelli,2008),这种情况下只有大陆原岩磷含量特别高时才会出现品位较高的沉积型磷矿层。仅有少数陆源风化的磷能够参与大洋磷循环并以无机磷的形式进入深海富集,并通过上升流或其他

介质流体重新进入浅海地区形成磷块岩沉积(Follmi et al,1996),因此磷灰石成岩阶段并不一定需要高磷的输入(风化作用)(Filippelli,2008)。瓮安磷块岩的沉积模式属后一种,在沉积成磷过程中陆源输入并不强烈,所以沉积物中 Al_2O_3 含量较低且无相关性,沉积物中的磷质来源来自于富磷深海的上升流作用,漫长的陆源风化及大洋循环过程使深海不断富集无机磷,而磷灰石中的 Sr 同位素则很好地记录了这一过程。

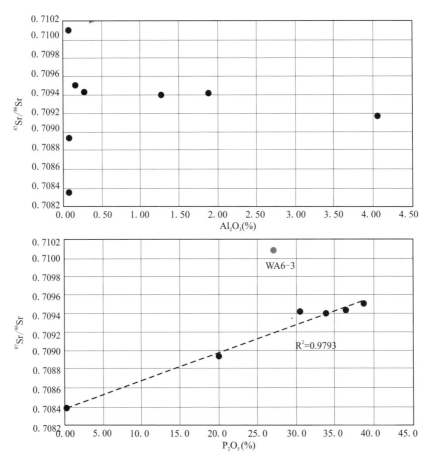

图 5-12 瓮安含磷岩系 $^{87}Sr/^{86}Sr$ 比值与 Al_2O_3、P_2O_5 关系图

二、磷质来源分析与上升洋流成矿

现代研究表明,海洋中的磷主要是来自陆源,主要输入形式为河水输入和含磷陆源碎屑风化,占陆源输入总量的 90% 以上;风力输入和地下径流也是磷从陆地进入海水的主要方式,但比例较小,占陆源输入总量的 10%(Compton et al,2000)。陆源为大洋海水每年提供大约 $1×10^7$ t 悬浮的磷和 $(1～1.5)×10^6$ t 溶解的磷,而大洋水中磷的总量为 $1×10^{11}$ t。在现代大洋中,海水中磷的平均浓度为 $2.25×10^{-6}$ mol/L,全球大洋储量约为 $3.2×10^{15}$ mol(Baturin et al,1982)。相对来讲,来自地球内部的火山和热液活动对大洋中磷的贡献是微不足道的。Baturin 等(1990)统计日本海岸及第勒尼安海资料表明裂谷带高温和低温热液喷口中磷含量并不大于近海底海水中的含量,实验资料还表明了火山作用对磷的海洋地球化学没有明显的影

响,"火山成因"磷的指示流量为10 000t左右,仅为河流提供的总磷量的1%。但是在火山活动较为频繁的洋底,热液输入对磷的输入也有一定的影响,但这些影响均与热液中的铁、锰氢氧化物有关。红海铁矿沉淀物中,磷含量为0.3%~0.4%;在地中海桑托林火山的破火山口磷含量为0.25%~1.64%;在新西兰蒸汽热液的铁矿石沉积物中达3%,瓜哇岛附近的沉积物中含铁磷酸盐达12.6%。而后续的研究发现,沉积物中磷和铁并无相关性,即在热液作用的不同阶段,磷和铁既可以一起迁移,也可以被分别带出。在红海、太平洋和大西洋的一些热液沉积物中也富含磷,但其磷主要不是来自热液,而是来自海水,其磷的背景值含量是被铁氢氧化物吸附的(Baturin et al,1990)。虽然热液影响在现代大洋中磷输入的影响仅仅局限于洋中脊及海底火山附近,但是在地质历史中的某些时段,如白垩纪中期海底火山活动异常活跃,对大洋中活性磷循环的影响不可低估(Wheat et al,1996)。

黔中地区陡山沱期磷矿床成磷物质来源问题现在仍存在较大争议,特别是对开阳地区高品位优质矿床磷质来源方面的研究尚不明确。国内众多学者对瓮安地区磷矿床研究认为,瓮安地区磷块岩的成因与海洋微生物的繁殖密不可分,气候渐暖以及海水氧分、磷质渐增为微生物的聚集提供了适宜的生长环境和丰富的营养物质,而生物的聚集进一步增加了海水磷酸盐浓度,这样微生物的繁盛与海水中的磷质含量形成正反馈,导致了瓮安地区磷矿床的沉积成矿。但是对于本期海水中磷质来源问题还存在较大争议,郭庆军等(2003)认为热水喷流活动为瓮安生物群的繁衍提供了磷质来源,而更多的学者(密文天,2010)认为冰期后海侵引起的上升洋流使大量富磷海水进入浅水透光带,为生命活动不断提供磷质输入,最终形成磷块岩的沉积,并认为新元古代大冰期过后,物理风化与化学风化的作用使磷质大量输入海洋,使深部海水富磷(Planavsky et al,2010)。

上述黔中地区磷块岩的地球化学特征表明,不同地区磷块岩的磷质来源、成因不尽相同。丹寨地区、瓮安地区样品的地球化学特征显示其磷块岩的形成与生命活动密切相关,而Sr同位素数值则显示磷质最终来自陆源。新元古代冰期后的成磷事件是全球范围的,并不仅在扬子板块,本期在亚洲、澳大利亚、西非及南美均有超大型磷矿床的沉积,Planavsky(2010)统计了30亿年以来全球各个地区海洋中铁氧化物对磷的吸收量,并作出海洋中磷质含量变化曲线(图5-13),可见在新元古代全球性冰期—间冰期这一特殊阶段内海洋中磷质含量急剧提升,冰期过后较短时间内磷质含量迅速下降,并稳定在正常值,对于这一特殊的地质历史时期磷质含量的急剧提升,学者普遍认为是由于全球性冰期—间冰期过程中气候变暖导致陆源风化强烈,使大量陆源风化的无机磷质进入海洋,由于冰期内海洋普遍封闭缺氧,使磷质不能有效沉降,导致深部海水磷质不断聚集,这一时期伴随Rodinia超大陆裂解,深部来源的磷质也在这一过程中不断释放,进一步增加了海水中的含磷量。冰期过后气候变暖,全球大规模海侵,上升洋流携带深部富磷海水进入浅海透光层,同时气候转暖及海洋氧含量的增加导致大洋藻类生物的繁盛,生命活动进一步利用并聚集磷质,使磷酸盐含量急剧提升,最终使海水沉积磷酸盐矿物,形成磷块岩。

以上推论也解释了黔中地区磷块岩物质来源地球化学特征的多元性。瓮安地区含磷矿石$^{87}Sr/^{86}Sr$比值与矿石P_2O_5含量呈明显的正相关关系(图5-12),且$^{87}Sr/^{86}Sr$比值明显高于同期海水平均值,因此瓮安磷块岩中的磷质来源于陆源风化,而非海底热液或热水活动。但样品$^{87}Sr/^{86}Sr$比值与Al_2O_3含量无明显的线性关系(图5-12),即磷块岩中的磷质虽然来自于陆源风化,但其与陆源碎屑直接相关的Al元素并无相关性,且样品X-RD测试和主量元素测

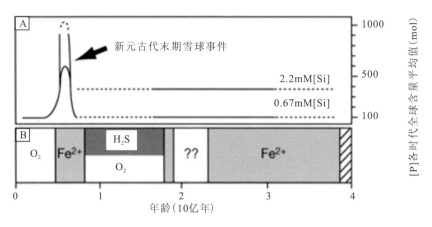

图 5-13 海水化学状态、深海磷酸盐含磷演化模型(据 Planavsky et al,2010)
A.据富铁氧化物样品 P/Fe 比值测算的海水磷酸盐含量变化曲线;B.深海地球化学组分变化

试可知磷块岩中陆源碎屑含量极低,因此推测磷块岩沉积过程中的磷质并不是直接来自于同沉积期的陆源风化,而是与同期大洋磷循环有关。Filippelli(2008)通过对秘鲁海岸、加利福尼亚 Baja 海岸磷灰石沉积数据模拟表明,富磷沉积物在沉积期一般具有较低的沉积速率和陆源输入量,磷质物质往往来自于上升洋流,低沉积速率和分选、再造作用是沉积物中富磷的主要原因。瓮安地区 ZK032 钻孔碳同位素组成演化曲线(图 5-11)表明每次成磷事件磷块岩都伴随 $\delta^{13}C$ 负漂,且样品中生物相关元素 Ba、As、Cu、Pb、Sr 等元素的明显富集表明磷块岩的形成与生物作用密切相关。造成 $\delta^{13}C$ 负漂移的原因推测与冰期后大洋环流作用增强导致的海水倒转有关,即上升洋流携带深部海水 ^{12}C 和磷质进入浅海,浅水透光带生产力大幅度提高,有机质降解释放 ^{12}C 和磷酸盐,使水柱中磷质浓度急剧升高,最终沉积 $\delta^{13}C$ 负漂移的磷块岩。

综上所述,虽然通过 $^{87}Sr/^{86}Sr$ 比值可知黔中地区磷块岩的最终成矿物质来自于陆源风化,但在磷块岩沉积过程中陆源输入并不强烈,沉积物中的磷质来源并不是直接来自于同沉积期的陆源风化作用,而是与同期大洋磷循环过程中的上升洋流有关。新元古代末期冰期—间冰期过程中气候变暖导致陆源风化强烈,来自陆源的磷质输入量大幅提升,且冰期内封闭缺氧环境导致磷质不能有效沉降,使海水中磷质聚集;冰期结束后,海水封闭体系重新被打开,原本停滞的大洋磷循环也再次启动,上升洋流将冰期事件海水中富集的磷质带入浅水透光带,在陆缘浅海或水下隆起等浅水地区形成大规模磷质沉降。以上理论表明,黔中地区磷块岩成矿物质直接来自于上升洋流携带的底部富磷海水,但磷质最终来源追溯到冰期全球大规模陆源风化。

三、生物成矿

黔中地区陡山沱组磷矿床内生物化石丰富,特别是发育于瓮安磷矿地区上磷矿段的瓮安生物群,即一个特殊磷酸盐化微体化石组合,主要由多细胞藻类、大型带刺疑源类和处于不同发育阶段的多种后生动物胚胎组成,并包括少量可能的后生动物幼虫和成体化石(殷宗军等,2010)。温泉矿段陡山沱组磷矿层上部广泛发育的圆柱状叠层石磷块岩和瓮福矿区夏安矿段灯影组顶部的藻叠层石磷块岩均形成了量大质优的磷矿床。磷矿层内多样化的生物化石组合,不仅对探讨地球早期生命的起源、演化具有重要的科学意义,磷酸盐化的生物化石矿层同样具有极高的工业利用价值。

1. 叠层石磷块岩矿床

黔中地区的叠层石磷块岩主要分布于开阳矿区西北部的温泉矿段陡山沱组内和瓮福矿区夏安矿段灯影组内。

温泉矿段叠层石磷块岩发育于陡山沱组上部,整体呈灰白色,单个叠层石柱体大小一般为10～30cm,形态上多呈树枝状、分叉状或弯状(图版 2h,图版 16a),柱体呈单体形态散布于地层中,主体之间很少相连,且无底座支撑,柱体之间往往充填有细砂—中砂级的白色磷质砂屑。在偏光显微镜下观察,叠层石柱体几乎全部由磷酸盐泥晶组成(图版 5g),柱体之间由排列紧密的含等厚磷质环边包壳的磷质砂屑颗粒组成,磷质砂屑大小为 100～300mm,有一定的磨圆、分选,排列紧密(图版 5g),其形态特征与开阳其他地区的砂屑磷块岩相类似。叠层石柱体的生长为受藻类生物组成的微生物群落影响下磷酸盐-碳酸盐矿物原地沉淀的结果,一般形成于潮下带或局限盆地较深水低能的环境,但伴随海水变浅,较强水动力条件下,早期形成的磷质叠层石被打碎,形成磷质碎屑充填于叠层石柱体之间(张伟等,2015)。温泉矿段形成的叠层石藻体,一方面是生物聚集磷质的结果,另一方面叠层石一边生长,一边受水流破碎、搬运磷质砂屑,并在柱体充填,导致本地发育的叠层石磷块岩有极高的品位,这种叠层石与磷质砂屑共生的高品位的矿石是生物成矿和机械成矿共同作用的产物。

福泉夏安磷矿发育的叠层石磷块岩主要赋存于灯影组顶部,根据叠层石磷块岩的形态特征可分为以下 3 种:①灰白色到灰黄色柱状或树枝状叠层石,灰白色部位为柱体,灰黄色部分为柱间充填物,两者均发育纹层,据勘察资料显示叠层石主要为磷质,柱体充填物为白云质,叠层体内可见黑白相间的白云质纹层和磷质纹层叠覆发育(图版 16b);②灰色—深灰色条带状或层纹状,纹层为白云质与磷质交替生长,主要以毫米级黑色和灰黄色纹层交替(图版 14f);③灰色-深灰色柱状叠层石,叠层石柱体呈长柱状,叠层体的柱体间可见白云石、方解石等矿物充填,柱体间充填物呈纹层状分布,另外可见毫米到厘米级的颗粒充填物(图版 16c)。福泉夏安地区叠层石磷块岩发育于灯影组顶部,矿层呈南北向透镜体状分布,矿区面积约 1.5km^2,矿层厚 1.48～11.51m,平均厚 3.45m,矿石 P_2O_5 含量为 15.29%～32.91%,平均含量为 23.94%。夏安灯影组叠层石磷块岩为典型的生物成矿作用产物,为磷矿层的开发利用提供了丰富的矿石资源,同时也对瓮福磷矿的勘查、发展有重要意义。

2. 生物化石磷块岩矿床

含生物化石磷块岩主要分布于瓮福矿区 b 矿层上部,即瓮安生物群,其中大多数化石呈球形(图版 16d),这些微小的远古生命主要由多细胞藻类、大型带刺疑源类和疑似胚胎化石组成,其中疑似胚胎化石占化石总量的 90% 以上,具有惊人的丰度(数以吨计)和分异度(殷宗军等,2008,2010)。瓮安生物群中的微体球粒化石表面往往存在表壳或表膜结构(图版 16g),壳体表面可见"脑纹状""瘤状"等多种规则的装饰;球粒化石是有机体(动物休眠卵和胚胎、藻类以及疑源类)死亡后磷酸盐化的产物(Chen and Chi,2005),化石除保存了有机体组织和细胞的外观结构外,其内部充填物构造复杂,常见空隙和各种不同的生物学结构,比如胚胎分裂过程中的卵裂球、卵裂沟构造和围卵腔(图版 16e,f),甚至胚胎内部的卵黄颗粒和细胞核等亚细胞结构都可以完整保存下来(图版 6e);微体球粒化石的壳体容易出现内陷、褶皱和碳酸盐岩交代现象(图 16f,h),这是有机体特有的变形特征,这些壳体褶皱、内陷现象一般是在生物体死亡后、磷酸盐化作用前,有机体外壁受到外力挤压而产生,也不排除有机体磷酸盐化作用过程中,内部原生质流失,整个有机体因脱水皱缩而形成褶皱的可能(Xiao et al,1998);卵裂现象(图版 6f)是生物胚胎化石中普遍发育的特征,出现有辐射卵裂、螺旋卵裂和旋转卵裂等多种卵裂方式(Chen and Chi,2005);除动物胚胎化石外,藻类化石中也可以观察到裂球结构,多细胞藻类由成百上千的小分裂球(每一个分裂球就是一个藻细胞)聚集而成,体积较大,整体形状不规则(图版 6a、b)。瓮安生物群中除广泛发育的微体球粒化石外,两侧对称动物化石、外包型原肠胚化石、刺细胞动物化石、管状动物化石等化石也相继被发现(殷宗军等,2010),多样化的化石种类和丰度反映了瓮安生物的大规模演化、发育,也表明陡山沱期黔中古陆周缘的浅水海岸为"雪球事件"后地球生命的复苏和早期动物辐射提供了极佳的环境条件。

赋存于矿层中的瓮安生物群化石不仅对新元古代晚期生命的起源、演化有重要的研究意义,对生物成矿利用同样具有很大的经济价值。含生物化石的矿层在瓮福地区分布广泛,在矿区北起瓮安白岩,南至福泉高坪,南北长达 20km,沉积厚度可达 15~20m,且磷酸盐化的微体球粒化石丰度极高,微体球粒化石在矿石中的含量往往大于 50%,矿石品位往往大于 20%,由此可以计算出动物胚胎化石数量以亿吨计,具有极大的开采利用价值,因此生物作用成矿在瓮福矿区是一种重要的成矿形式。

四、生物-化学作用成矿

海洋中的磷进入沉积物中的方式有多种,其中在近岸河口和三角洲附近陆源碎屑可以直接将磷质带入沉积物中,但是此种埋藏方式使磷质被锁定在矿物晶格中很难释放出来,沉积物中的磷含量与原始陆源相当,很难形成磷质的聚集,更不可能形成可供开采的工业矿床;与碳酸盐交代同样是磷质埋藏的一种方式,其反应方程式:

$$NaOH + 3Na_3PO_4 + 5CaCO_3 \longrightarrow Ca_5(PO_4)_3OH + 5Na_2CO_3$$

但后续的研究表明磷与生物碳酸钙的沉积并没有直接联系,而且磷的埋藏与沉积物微粒中氢氧化物表膜的形成也是相互独立的,所以这种方式的磷埋藏可能是一种暂时性的埋藏方式,同样难以形成大规模磷矿床。与磷质吸附物共同沉降是磷质埋藏的另一种重要途径,黏土微粒或铁与锰的氢氧化物均对磷质有吸附作用,赋存在有机质中的磷质也可以伴随有机质沉降一起进入沉积物中,但这两种方式易发生磷质解吸附或释放,埋藏的磷可再次运移。因此磷聚集量最高、最稳定的埋藏方式为形成自生磷灰石矿物埋藏,即有机质携带磷质或铁氢氧化物吸附磷质进入孔隙水柱,氧化条件下磷质迅速释放,氧化还原界面附近孔隙水中磷质浓度急剧提升,进而形成自生磷灰石沉积。

黔中地区沉积的磷矿床矿物主要成分均为自生碳氟磷灰石(表 4-1),且矿石品位较高。通过对黔中地区磷块岩岩石宏观、微观特征,微量、稀土元素地球化学特征表明,上升洋流携带富磷海水进入浅水透光带,并形成自生磷灰石沉积。开阳地区磷矿石生物作用痕迹不明显,磷矿石类型以机械破碎的砂屑磷块岩为主,偏光显微镜、扫描电镜下均未发现生物富集成矿证据,且开阳地区磷灰石主要为超微六方柱晶体集合体(图 3-1b),推测水柱中磷酸盐饱和,为海水化学沉积的产物,而非瓮福地区生物黏结磷质成因,仅在少数地区个别层位发现有叠层石磷块岩,表明生物作用在开阳地区成磷事件中,生命活动促进了海水磷质富集,为磷灰石沉积提供了有利的物质条件,其沉积模式为前述有机质携带磷质沉降至氧化还原界面以下,有机质释放磷质,使水柱中无机磷浓度激增,在水柱中形成自生磷灰石沉积(图 5-14)。此外,部分矿石内存在的自生黄铁矿(图版 7g、h)、海绿石(图版 14d)等富铁矿物也表明,"Fe-氧化还原泵"沉积模式也是黔中地区磷灰石自生沉积的一种重要方式(图 5-11)。与开阳地区磷块岩相比,瓮福、丹寨地区矿石内有机质含磷、生物化石丰富,磷质的沉积成矿与生物作用密不可分。瓮福矿区内 a 矿层磷块岩类型主要以砂屑磷块岩、团球粒磷块岩为主,b 矿层磷块岩则主要由藻磷块岩及生物球粒磷块岩组成,团球粒磷块岩一般认为是微生物黏结聚集磷酸盐经过滚动、磨蚀而成,而藻磷块岩和生物球粒磷中生物化石明显,为典型的生物成因磷块岩。

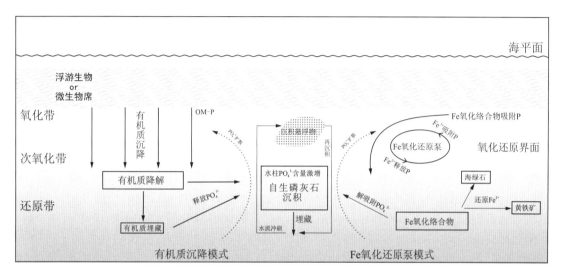

图 5-14　黔中地区震旦纪陡山沱期磷矿初始成矿模式图(据 Compton et al,2000)

综上所述,冰期后海水-大气氧含量增加、气候变暖,上升洋流携带底部富磷海水上涌至浅水透光层,为生命活动提供物质来源,使黔中古陆周边海水藻类生物迅速繁殖,而生物降解、释放磷质进一步增加了海水磷酸盐浓度,这样微生物的繁盛与海水中的磷质含量形成正反馈,使黔中古陆周缘浅水地区磷酸盐浓度急剧上升,最终形成磷灰石沉积。

第二节　簸选成矿作用

一、簸选成矿作用机制

机械作用是沉积物中的磷质再次聚集形成高品位磷块岩的一种主要形式。最早由 Baturin(1971)提出"Baturin Cycling"(巴图林循环)成矿模式,即认为在不同的沉积、成岩时段,磷质历经生物化学沉积、成岩、物理富集阶段,最终聚集形成磷块岩,这其中海平面不断变化是控制矿石形成的主要因素,水流的冲刷、破碎、搬运作用是磷质聚集的主要营力。随着学者对世界各地磷矿床的深入研究,认为磷质的生物化学沉积和物理富集可以同期、多期次循环进行,并认为水流的簸选再造作用是造成磷质聚集的重要方式(Pufahl et al,2003;Baioumy and Tada,2005;Nelson et al,2010)。Fillippelli(2011)认为两个过程使磷块岩沉积:化学动力系统和物理动力系统。化学动力系统包含成岩作用释放和随后载磷矿物的聚集,特别是在受沉积学和生物地球化学等因素影响的沉积界面附近；物理动力系统包括富磷沉积物的再造作用和埋藏覆盖，这一过程不仅能将分散在沉积物中相对密度较大且难溶的磷灰石矿物聚集，也可以阶段性地改变沉积过程使磷质再次化学沉积。国内外著名大型矿床如摩纳哥白垩纪－古近纪磷矿床，美国佛罗里达新近系大型磷矿床（Filippelli，2011），埃及、约旦白垩纪磷矿床（Pufahl et al，2003；Baioumy and Tada，2005）中的磷矿石均为水流破碎、冲刷、分选再沉积形成的高品位碎屑状磷块岩，机械富集作用是控制矿石品位高低的关键因素。

碎屑状磷块岩是黔中开阳地区最为普遍的一种磷块岩类型，根据碎屑颗粒的大小分为砾屑、砂屑和粉屑，开阳地区碎屑颗粒以砾屑、砂屑为主，粉屑较少见，除碎屑颗粒外磷质团球粒、鲕豆粒也较为常见。开阳地区磷块岩的碎屑颗粒形态多种多样，随其形成的地质作用过程和环境的不同而异，通常有棱角状、次棱角状、饼砾状、片状、竹叶状、浑圆状和半浑滚圆状等（图版3a、e、f，图版4a～h，图版5a～c），碎屑颗粒或紧密推挤，或基底式胶结，胶结物类型及胶结结构同样具多期次、多样化特征，碎屑颗粒周围往往首先被磷质等厚环边包壳胶结，为第一世代胶结产物，随后伴随成岩环境转变往往在颗粒间形成磷泥晶或白云质胶结。

碎屑状磷块岩一般产出于水体能量较高的滨岸浅海带浪基面以上的沉积环境，为各类正在沉积的原生磷块岩，如富磷孔隙水沉积的胶状磷块岩、藻类微生物黏结的"硬底"胶磷矿层或球粒磷块岩或细粒硅泥质沉积物中的磷质透镜体、结核，在没有完全固结、硬化之前，遭到岸流、波浪、底流或潮汐作用的剥蚀、冲刷和簸选，成为大小不等的角砾碎屑，然后就地或者经短距离搬运而堆积下来，而沉积物中硅泥质、有机质等微、细粒成分受水流冲刷、搬运流失。由于开阳地区陡山沱期为无障壁海岸结构沉积环境，且海平面变化频繁，浅水滨岸带水动力较强，在整个磷酸盐碎屑的形成过程中，这种冲刷破碎、堆积胶结作用，可以反复多次，形成磷质的机械作用簸选富集。

通过岩石薄片观察及X-RD分析（表3-3），开阳地区碎屑状磷块岩主要矿石成分为碳氟磷灰石，副矿物成分主要为石英、白云石，黏土矿物成分极低；与开阳地区相比，息烽矿区和瓮福矿区a矿层碎屑状、团球粒状磷块岩黏土矿物成分略高，而遵义、丹寨地区泥晶磷块岩中石英、黏土矿物成分有显著提升。表5-7所列黔中地区各类型磷块岩P_2O_5、Al_2O_3、CaO、MgO含量百分比可见，开阳地区P_2O_5平均含量最高，瓮福地区次之，丹寨、松林平均含量最低；开阳、瓮福碎屑状、团球粒及生物磷块岩Al_2O_3含量相差不大，均较低，磷块岩中副矿物以白云石为主，而松林、丹寨泥晶磷块岩则保持较高的Al_2O_3含量，主要副矿物为石英、黏土矿物等陆源碎屑细颗粒。图5-15可见，开阳、丹寨、松林地区磷块岩样品P_2O_5与Al_2O_3含量基本呈负相关关系，瓮福地区a矿层P_2O_5与Al_2O_3含量同样呈弱负相关，而b矿层磷块岩则无相关性，出现此种差异的原因与不同成因类型的磷块岩有关。开阳地区磷块岩含磷量极高，陆源碎屑矿物及白云石胶结物含量相对较低；瓮福地区磷块岩类型复杂，尤其是b矿层生物作用成因的磷块岩及成岩期的胶结作用，副矿物主要为白云石，干扰了陆源碎屑对矿石品位的影响；松林、丹寨地区磷块岩为泥晶质磷块岩，其副矿物成分主要以陆源碎屑为主，因此P_2O_5与Al_2O_3含量有极强的负相关性。因此在判断水流簸选作用对矿石品位的影响时，选用松林、丹寨的泥晶质磷块岩和开阳碎屑状磷块岩作为比较，分析比较不同类型磷块岩的P_2O_5与Al_2O_3含量变化趋势。图5-16中磷块岩P_2O_5-Al_2O_3-SiO_2含量三角图中P_2O_5含量与Al_2O_3含量、SiO_2含量分别代表矿石中的磷组分和陆源碎屑组分，由图可以看出，泥晶质磷块岩与碎屑状磷块岩在P_2O_5-Al_2O_3-SiO_2含量三角端元演化过程中出现的高协和度，表明开阳地区砂屑磷块岩可能为泥晶磷块岩成岩阶段的演化产物。松林、丹寨的泥晶质磷块岩到开阳碎屑状磷块岩,其 Al_2O_3 含量、MgO 含量呈线性关系,并逐渐降低,即从泥晶磷块岩到碎屑状磷块岩是一个不断净化的过程,矿石内的陆源碎屑成分如石英碎屑、黏土颗粒等成分逐渐降低,磷质品位逐渐升高。

表 5-7 黔中开阳、瓮福、松林、丹寨地区各类型磷块岩主要主量元素百分含量

采样地区		岩性	P_2O_5(%)	Al_2O_3(%)	CaO(%)	MgO(%)
开阳洋水	极乐矿区	砂屑磷块岩	37.4	0.97	51.9	0.18
	用沙坝矿区	砂屑磷块岩	36.3	0.82	50.2	0.20
	马路坪矿区	砂屑磷块岩	35.4	1.19	49.3	0.59
开阳水温	钻孔 ZK313	(含白云质)砂屑磷块岩	30.3	1.15	44.6	2.50
	钻孔 ZK821	(含白云质)砂屑磷块岩	34.6	0.64	49.7	0.90
瓮福地区	a 矿层	团球粒磷块岩	31.5	1.57	46.1	4.72
	b 矿层	碳质、生物磷块岩	30.1	0.26	48.1	1.65
松林地区		泥晶磷块岩	20.1	5.27	25.3	0.58
丹寨地区		泥晶磷块岩、白云质磷块岩	28.5	4.48	41.1	1.13

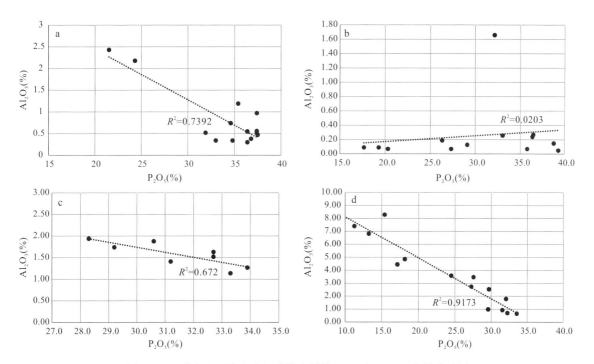

图 5-15 黔中地区陡山沱组磷块岩样品 P_2O_5 与 Al_2O_3 含量关系图

a. 开阳地区砂屑磷块岩样品 P_2O_5 与 Al_2O_3 含量关系图;b. 瓮福地区 a 矿层磷块岩样品 P_2O_5 与 Al_2O_3 含量关系图;c. 瓮福地区 b 矿层磷块岩样品 P_2O_5 与 Al_2O_3 含量关系图;d. 松林、丹寨地区泥晶质磷块岩样品 P_2O_5 与 Al_2O_3 含量关系图

二、成矿作用分布规律

开阳地区陡山沱期地处黔中古陆北缘,整体为无障壁磷质海岸沉积环境(图4-9~图4-11、图5-17),矿石类型以碎屑状磷块岩为主,根据碎屑大小可分为砾屑磷块岩、砂屑磷块岩和粉屑磷块岩,其中以砂屑磷块岩发育最为广泛。白泥坝矿区距离古陆最近,陆源碎屑输入充足,陡山沱组以含磷质碎屑的中—粗砂岩或粗碎屑磷块岩为主(图版7a),为距陆源最近的后滨-前滨沉积环境,其磷质碎屑主要依靠海浪异地搬运而来,因此陆源碎屑组分较高,含磷品位较低。洋水-永温矿区含磷矿层以砂屑磷块岩为主,颗粒往往有磷质等厚环边胶

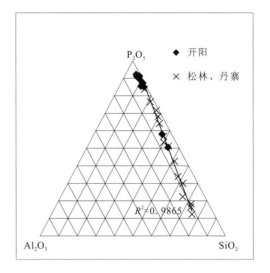

图5-16 开阳、松林、丹寨地区不同类型磷块岩
P_2O_5 - Al_2O_3 - SiO_2 含量三角图

结,矿石内磷质砂屑颗粒含量极高,往往可达90%以上,形态菱角状—椭球状均有分布,层内可见交错层理(图版8g)、平行纹层(图版8e、h),指示水动力较强的临滨带沉积环境;颗粒的形成往往为高能水流冲刷、破碎再沉积未完全固结的原生沉积磷块岩所致,在这一过程中,一方面胶磷矿被破碎成碎屑颗粒,然后就地或者经短距离搬运而堆积下来,另一方面沉积物中的陆源细碎屑物质、硅泥质、有机质等微、细粒成分受水流簸选、搬运流失,且伴随海平面的频繁升降,这一过程可反复多次,磷质颗粒的多期次机械作用簸选富集最终形成品位较高的砂屑磷块岩层。新寨矿区磷矿层磷质砂屑颗粒明显变细、变少,陆源细碎屑成分增多(图版12e),处下临滨-远滨过渡带,水体能量下降,因此对含磷沉积物中泥砂杂质的簸选能力下降,矿层品位明显低于开阳地区。遵义地区则处黔中古陆西北部内陆棚沉积相区(图5-17),陡山沱组以中薄层粉砂岩、泥页岩及泥晶白云岩沉积为主,沉积厚度大,但磷矿层主要以透镜体形式赋存,且

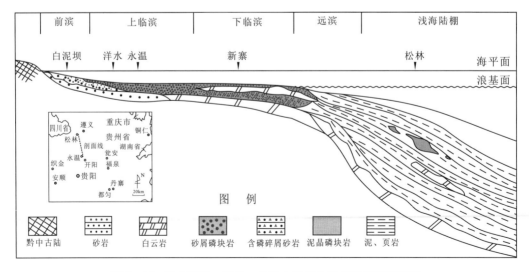

图5-17 黔中开阳—松林一线陡山沱期含磷岩系沉积剖面图

沉积环境处浪基面以下,水体环境处低能状态下,极易发生磷质的机械簸选富集作用,因此磷块岩能混有大量泥砂杂质或有机质成分,因此其矿石品位远低于开阳地区,且单层矿层厚度较小,分布极不稳定,难以形成独立大型矿床。

通过以上沉积过程分析认为,水流的簸选作用是导致矿石富集的重要因素,开阳地区品位较高的磷矿石往往经历多期次冲刷、破碎、再沉积作用,历经水流簸选作用富矿,形成高品位矿石;紧靠陆缘的沉积区域由于不断的陆源碎屑输入,且极浅海水中难以沉积自生磷灰石颗粒,虽然水流有一定分选作用,但其成矿效果并不理想;水深较大、水体能量较低能的陆棚沉积相区由于难以形成水流机械簸选富集作用,矿石内含大量细粒杂质,同样难以形成较高品位的磷矿石。因此高品位磷矿床往往分布于浪基面以上的磷质浅水海岸,其中以临滨带-前滨带下部磷质最为富集,且海平面的不断升降可以使水流簸选作用多期次进行,极大提升了波浪对矿石的分选能力。

第三节 淋滤成矿作用

一、淋滤成矿作用机制

淋滤风化型磷矿是一种较特殊的磷矿床工业类型,淋滤风化型磷矿床与原生沉积矿床相比,矿石风化后碳酸盐组分发生流失,尤其是在磷矿选矿过程中难以去除的 MgO 成分显著降低,矿石品位大幅提升。淋滤风化型磷矿床在我国主要的富磷产区如昆阳磷矿、开阳磷矿等地均有广泛发育。淋滤风化型磷矿中风化磷矿石的结构疏松多孔,以砂屑、砂质砂屑、泥质砂屑结构为主;在构造上,风化矿原生构造遭受破坏,多显示出较明显的土状、半土状或蜂窝状构造等次生构造。

碳酸盐矿物、磷酸盐矿物是以分子键联结,而硅酸盐矿物具有离子晶格的特征,故碳酸盐矿物、磷酸盐矿物反应活性大于硅酸盐矿物。碳酸根离子负二价,磷酸根离子负三价,硅酸根离子负四价,故碳酸盐矿物活性大于磷酸盐矿物,二者又大于硅酸盐矿物。三大盐类在靠近地表的风化带发生淋滤、水解,溶解的能力依次为:碳酸盐<磷酸盐<硅酸盐,碳酸盐矿物溶解能力最强,淋滤反应将首先进行,并将抑制与磷酸盐矿物、硅酸盐矿物的反应。除了矿物的反应活性,引起淋滤风化作用的主要因素是水、二氧化碳等,因此磷矿石得到丰富的富含 CO_2 的水的补给,是其发生淋滤风化的前提。大气降水富含 CO_2,pH 值为 5~6,具有弱酸性,碳酸盐矿物与大气降水最易发生化学反应,使碳酸盐矿物变成重碳酸钙及重碳酸镁,其反应方程式为:

$$CaMg(CO_3)_2 + 2H_2O + 2CO_2 \longrightarrow Ca(HCO_3)_2 + Mg(HCO_3)_2$$

重碳酸钙、重碳酸镁溶解度大,随地下水活动迁移,故在矿石中留下溶蚀孔洞或被其他物质充填形成假晶,由于地下水不断得到大气降水补给,又不断排泄,这一反应也就不停地进行,只要有碳酸盐矿物存在,大气降水与磷酸盐矿物的反应将是困难的。

李铁生等(1991)按照淋滤作用强烈程度将风化磷块岩分为两个阶段:第一阶段为碳酸盐矿物淋失阶段,当富含 CO_2、O_2 和腐殖酸的偏酸性水渗透淋滤磷块岩后,碳酸盐岩矿物首先被溶解,原生磷块岩中 Ca^{2+}、Mg^{2+}、Na^+、K^+、CO_3^{2-}、SO_4^{2-}、Cl^- 等易迁移元素流失,磷质、硅质、铝质等成分保留,使磷块岩矿石品位提高;第二阶段为次生矿物形成阶段,即随淋滤作用的增强,磷灰石在酸性水作用下形成可溶性磷酸盐 $Ca(HPO_4)_2$,并以磷质胶体溶液形式运移,以化学沉淀结晶或重结晶方式形成次生磷灰石,呈纤维状、柱状、晶簇状等集合体沿孔隙壁生长,或呈细脉在风化强烈的部位伴生银星石、磷铝石、黄磷铁矿等铁铝磷酸盐矿物。黄毅等(1995)根据风化淋滤对矿石品位的影响在李铁生划分的基础上将磷块岩的风化淋滤分为 3 个阶段:①初始阶段,即碳酸盐矿物开始淋滤,风化程度较弱,矿石总体保持原生矿物基本特征,矿石内可见少量溶蚀孔洞;②成熟阶段,此时碳酸盐矿物大量淋滤流失,磷酸盐矿物富集明显,矿石内孔洞较为发育;③强烈阶段,碳酸盐矿物淋失殆尽,磷酸盐矿物开始大量分解流失形成次生磷酸盐矿物,磷酸盐矿物的分解淋滤也使矿物再次开始贫化。

黔中开阳、瓮福地区普遍发育风化型磷矿床,特别是开阳地区普遍发育淋滤型磷矿床,为了讨论磷矿石在淋滤、风化过程中的元素变化,选取开阳极乐矿段陡山沱组露头剖面样品(15JZ)、开阳用沙坝矿段陡山沱组矿井剖面样品(15YSB)、开阳马路坪矿段陡山沱组钻井剖面样品(15MLP)、开阳永温矿区深钻钻孔剖面样品(钻井深度大于 200m,ZK313、ZK821)以及瓮安矿区深钻钻孔剖面 a 矿层样品(WA)进行相关元素地球化学分析。其中开阳洋水矿区(极乐矿段、用沙坝矿段、马路坪矿段)磷矿石样品均具有极高的含磷品位(极乐矿段 P_2O_5 含量平均值为 37.4%,用沙坝矿段 P_2O_5 含量为 36.2%,马路坪矿段 P_2O_5 含量为 35.4%),永温矿区次之(P_2O_5 平均品位为 33.7%),瓮安地区 a 矿层磷矿石品位相对最低(P_2O_5 平均品位为 31.5%)。其中开阳地区无论露头剖面样品还是矿井样品、钻孔样品,矿石均发育较明显的溶蚀孔洞等暴露、淋滤构造,而瓮福地区 a 矿层磷块岩样品则较致密,未受暴露、淋滤作用影响。开阳、瓮福地区磷块岩样品多是以 CaO、P_2O_5 组成的磷酸盐矿物为主体,其中 $CaO+P_2O_5$ 含量达 62.4%~90.6%,因此磷块岩中除碳氟磷灰石外,碳酸盐矿物也占较大比例,此外矿石中其他主要主量元素为 SiO_2、CO_2、MgO、Fe_2O_3、Al_2O_3、F 等。因此开阳地区矿石类型应为含碳酸盐岩类磷块岩,主要副矿物为白云石,少量方解石,其中影响矿石品位的主要矿物普遍为碳酸盐类矿物,此外矿石中含少量硅酸盐矿物。在矿石暴露、风化淋滤过程中,碳酸盐矿物溶解能力最强,淋滤反应将首先进行,并将抑制与磷酸盐矿物、硅酸盐矿物的反应。在风化及水体渗溶的作用下,碳酸盐类矿物被溶解而流失,图 5-18a、b 可见,开阳、瓮福地区含磷岩系样品中 P_2O_5 与 MgO、K_2O 呈负相关关系,即在淋滤过程中,与碳酸盐类矿物相关的 CO_2、MgO、CaO 等有所减少,伴随易迁移元素 Na^+、K^+、CO_3^{2-}、SO_4^{2-}、Cl^- 随之流失;图 5-18c 可见,F 与 P_2O_5 含量呈正相关,由于 F 主要赋存于磷灰石矿物中,在风化淋滤中难以迁移,因此 F 伴随磷灰石在矿石中含量逐渐升高;Fe_2O_3、Al_2O_3、SiO_2 含量与 P_2O_5 含量无明显相关关系,富硅、铝及铁质的硅酸盐矿物及陆源碎屑矿物均为难溶物质,因此在风化、淋滤过程中其变化与 P_2O_5 含量相关性不大。通过以上主量元素地球化学分析可见,Al_2O_3、SiO_2 等稳定元素含量与 P_2O_5 含量相关性不大,而 MgO、K_2O 等易迁移元素与 P_2O_5 含量在风化型磷块岩中呈明显的负相关(图 5-18),且在风化程度较高的高品位磷矿石中与 Mg、K 元素相关的碳酸盐类矿物几乎不存在,因此磷矿石的风化、淋滤作用使矿石中的主要副矿物成分碳酸盐类矿物如白云石等含量大大降低,从而提升矿石品位。磷矿石中白云石矿物的流失主要因为沉积的矿石受海平面变化影响处地表或地表下的渗透带,富含 CO_2 的大气降水垂直或水平迁移,使矿石处于相对酸性的成岩环境中,矿石中的碳酸盐岩条带、胶结物或脉石被大量淋滤,矿石留下溶蚀孔洞和假晶,P_2O_5 含量较原岩有显著提升。

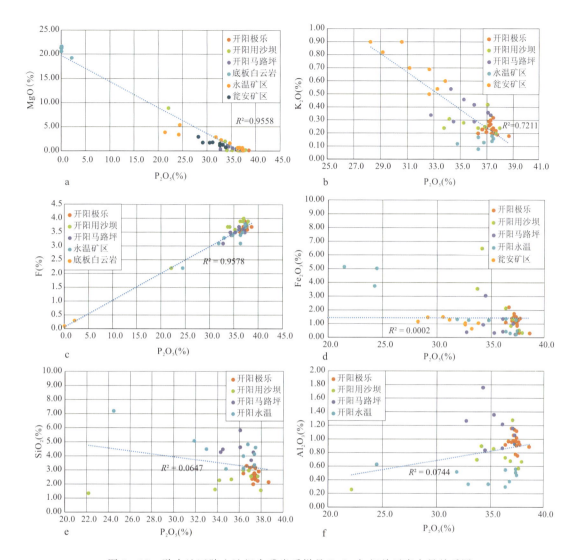

图 5-18 黔中地区陡山沱组含磷岩系样品 P_2O_5 与相关元素含量关系图

a.黔中地区陡山沱组含磷岩系样品 P_2O_5 与相关 MgO 含量关系图;b.黔中地区陡山沱组含磷岩系样品 P_2O_5 与相关 K_2O 含量关系图;c.黔中地区陡山沱组含磷岩系样品 P_2O_5 与相关 F 含量关系图;d.黔中地区陡山沱组含磷岩系样品 P_2O_5 与相关 Fe_2O_3 含量关系图;e.黔中地区陡山沱组含磷岩系样品 P_2O_5 与相关 SiO_2 含量关系图;f.黔中地区陡山沱组含磷岩系样品 P_2O_5 与相关 Al_2O_3 含量关系图

二、成矿作用分布规律

开阳地区磷矿层内风化、淋滤作用特征明显,矿石溶蚀孔洞普遍发育(图版 7c、f,图版 8e,图版 10d),常见不整合侵蚀面(图版 7e,图版 8f),且部分层位可见土状疏松结构(图版 7d,图版 10c,图版 11g),但通过矿石分析发现矿石中次生铁铝磷酸盐矿物几乎没有分布,因此推测开阳地区磷矿床为成熟阶段风化、淋滤阶段的磷矿石产物,磷酸盐矿物并没有遭受强烈的风化淋滤形成次生磷酸盐矿物。

开阳磷矿风化淋滤分布规律与矿产古地理分布关系密切(图 5-19),黔中古陆北缘的白泥坝—翁昭矿区虽然地势最高,但由于陆源碎屑输入量较多,矿石类型以含磷质碎屑的陆源碎屑砂岩为主,虽然暴露时间较长,风化淋滤作用强烈,但矿石内白云石成分较少,石英碎屑等硅

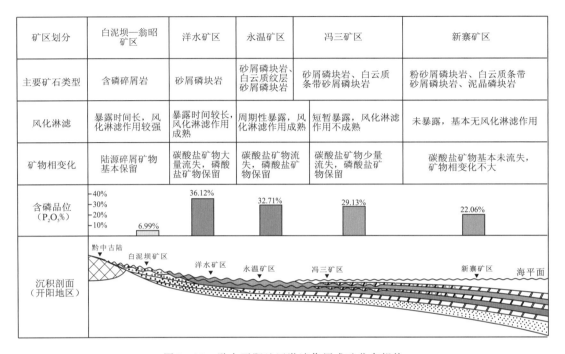

图 5-19 黔中开阳地区淋滤作用成矿分布规律

酸盐矿物难以淋滤迁移,因此淋滤作用对矿石品位影响不大,矿石品位较低。洋水矿区矿石类型以砂屑磷块岩为主,矿石内溶蚀孔洞发育,矿石疏松多孔,常发育土状、半土状及蜂窝状构造,表明风化淋滤作用强烈,整个矿层内几乎不含白云石矿物,相比原生沉积磷块岩矿石内 Mg、Ca、CO_2 组分大量流失,P_2O_5 含量提升明显,为开阳地区平均含磷品位最高的矿区;永温矿区与洋水矿区类似,发育大量含溶蚀孔洞的磷矿石,偶夹土状、半土状疏松结构矿石,矿石内风化淋滤作用标志明显,但与洋水矿区相比,矿层内发育含白云石条带(条纹)磷块岩,因此永温地区磷矿床为间歇性风化淋滤作用产物,矿层在垂直剖面上存在风化淋滤带,矿层平均品位仅次于洋水矿区。冯三矿区地势较永温矿区低,区域内矿石类型以砂屑磷块岩、含白云石条带磷块岩为主,虽然部分层位存在风化淋滤标志,但矿层整体仍以致密状矿石为主,仅有短暂暴露,风化淋滤作用不成熟,仅停留在初始阶段,因此矿石品位相对较低。新寨矿区在开阳地区地势最低,且存在两层矿层,矿层内风化淋滤现象几乎不可见,部分矿层仍以原生矿石形态存在,因此新寨地区磷矿石品位远低于洋水、永温地区。除开阳地区外,黔中古陆东缘的瓮福矿区同样存在风化淋滤型矿石,但瓮福磷矿主要处于障壁湾沉积环境,主要沉积区水体较深,土状磷矿石分布在横向空间和纵向空间上分布极为局限,仅局部地区 b 矿层顶部存在 1~2m 厚的土状、半土状磷矿石,因此淋滤风化作用形成的高品位矿石分布范围远低于开阳地区,风化淋滤作用并不是瓮福磷矿的主要富矿因素。遵义松林、丹寨番仰地区泥晶质磷矿石同样处于较深水沉积环境,矿石保持原生沉积形态,并没有受到淋滤风化作用影响,因此很难形成独立

产出的高品位磷矿床,仅在陡山沱组内夹有品位相对较高的磷块岩透镜体或结核,局部地区演变为厚度小于 3m 的磷矿层沉积。

黔中地区高品位矿石集中在开阳洋水、永温矿区,这些矿区的矿石往往以砂屑磷块岩为主,矿石内发育溶蚀孔洞,且矿石胶结程度差,结构疏松,呈土状、半土状或蜂窝状构造,为原生矿石历经簸选作用成矿、淋滤作用成矿的产物,淋滤作用将簸选成矿后磷质砂屑间的白云质胶结物及条带淋失殆尽,残留磷灰石矿物,因此对矿石品位的提升有显著影响。

第六章 磷矿成矿过程及成矿模式

一、开阳地区磷矿床成矿模式

开阳地区陡山沱期为位于黔中古陆北缘的无障壁磷质海岸沉积环境(图4-9~图4-11),通过对瓮福地区陡山沱组层序划分和海平面升降分析,将黔中地区陡山沱期划为两次大的海侵—海退事件和一次海侵事件(图4-2),海平面的不断震荡导致了磷质岩、碳酸盐岩的交替沉积,水动力的不断改变对磷块岩的机械簸选富集有重要影响,而且海平面下降导致的暴露事件造成磷块岩淋滤、流失无用元素,使矿石品位大幅提升。伴随不稳定的气候条件和海平面的频繁波动,开阳地区的复杂沉积环境并不是一成不变的,正是磷块岩沉积、成岩期沉积环境的不断转变,簸选成矿作用成矿和淋滤成矿作用多期次交替进行,导致矿石品位的提升。

陡山沱初期海侵使开阳地区先后沉积含海绿石石英砂岩、砂质白云岩、白云岩(图6-1a)。随后海侵规模进一步扩大,深部富磷海水随上升洋流不断上涌,开阳地区开始出现磷矿石沉积,陡山沱早期的古地理面貌控制了早期磷块岩的沉积(图4-9,图6-1b)。洋水—温泉—永温—冯三一线的临滨相,成为磷块岩沉积的优势区,一方面适度的海水深度为深部上升洋流携带磷质输入浅水聚集的最佳区域,另一方面海水中的藻类生物不断吸收磷质,并在沉积埋藏过程中降解释放磷质进入沉积物-水界面附近,使底层海水中磷酸盐浓度不断聚集(Mort et al,2007),并形成初期的磷块岩沉积;且临滨带较高的水动力环境使没有完全固结、硬化原生磷块岩遭受冲刷、破碎、搬运和再沉积作用,使沉积物中硅泥质、有机质等微、细粒成分受水流冲刷、搬运流失,即水流簸选作用富矿,使矿石品位达到较高水平。白泥坝—翁昭一线紧靠黔中古陆,地势最高,仅在海平面达到较高水平时被淹没,处后滨带-前滨带交替环境,极浅的海水环境不利于磷质聚集,难以形成自生磷灰石沉积(Delaney et al.1998),且受陆源碎屑颗粒不断输入的影响,岩性以石英砂岩为主,仅依靠水流带入附近已沉积的磷质碎屑形成矿层,因此白泥坝矿区与翁昭矿区矿层分布极不稳定,品位较低。新寨地区由于水体深度相对较大,水动力相对较低,簸选作用成矿效果相对较弱,因此矿石以粉屑—泥晶磷块岩为主,砂泥质杂质含量相对较高,矿石品位相对较低。

陡山沱中期,伴随大规模海退海平面再次下降,白泥坝—翁昭一线已完全处于海平面以上,而洋水—温泉—永温一线成为暴露区,仅当周期性海平面达到最高时海水才能淹没,无地层沉积(图4-10,图6-1c),因此永温等地区陡山沱早期形成的磷块岩在本期接受了较长时间的暴露、淋滤作用,矿层内发育侵蚀不整合面,矿石普遍发育大量溶蚀孔洞,部分矿石甚至呈土状疏松结构。由于矿物风化特性,碳酸盐矿物最易风化,磷酸盐矿物较为稳定,且初期磷块岩中常见的Ca^{2+}、Mg^{2+}、Na^+、K^+、CO_3^{2-}、SO_4^{2-}、Cl^-等是易迁移组分,因此淋滤作用使磷块岩中的无用元素流失,使磷块岩品位提升。而新寨地区地势相对较低,沉积序列与瓮安地区相似,在a矿层沉积基础之上发育了白云岩沉积(图4-10,图6-1c),层内溶蚀孔洞等暴露标志

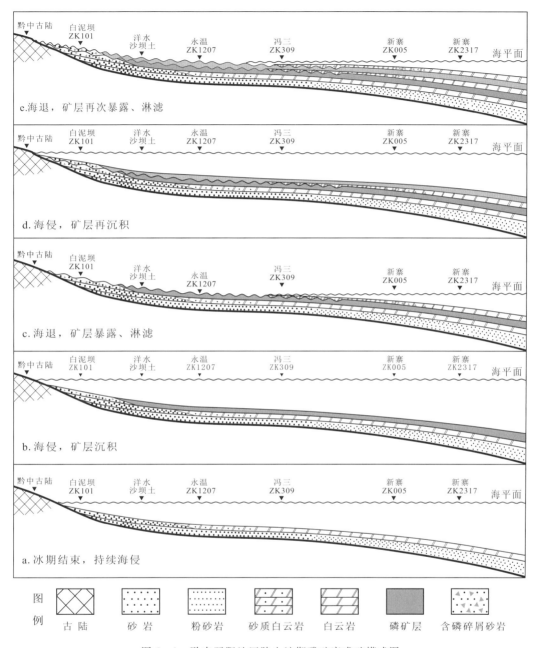

图 6-1 黔中开阳地区陡山沱期磷矿床成矿模式图

明显,并充填有硅质、碳质等,而早期沉积的 a 矿层受暴露、淋滤作用较弱,矿层内无用元素流失不明显,仅矿层顶部受不同程度的剥蚀、破坏,因此新寨矿区 a 矿层磷矿床相比同期洋水、永温、温泉等地区受暴露、淋滤作用改造的磷矿层品位更低。

经短暂的海退后,陡山沱晚期再次海侵,海平面又一次大规模上升,海水再次淹没至白泥坝、翁昭一线以南(图 4-11,图 6-1d),同陡山沱早期相似,白泥坝、翁昭一线同样由于处在古陆近岸带难以形成磷灰石的自生沉积,但水流冲刷将附近的磷质碎屑带入,使本地区有磷矿层产出,但往往分布不均且品位较低。而洋水、温泉、永温等地区所处的临滨相仍为海水优势聚磷区,而且这些地区早期已形成的磷块岩受水流机械破碎作用影响形成砂屑磷块岩,并在这一过程中遭受多期次的暴露、淋滤影响,在本身已形成了较高品位的磷矿床基础上再次接受磷质的沉积与胶结,因此仅发育一层磷矿床(图6-1d),成为开阳地区品位最高的矿床分布区。但是由于海水中磷酸盐饱和浓度较高,沉积速率远低于碳酸盐岩,磷灰石沉积范围受限,水体较浅时易形成白云质胶结,水体较深易形成泥质胶结,经受破碎、淋滤作用的高品位磷矿床同样可能会受到白云质或泥质的胶结而使品位有所降低。而新寨地区在夹层白云岩、硅质岩、硅质白云岩的基础上沉积b矿层磷块岩,且新寨地区陡山沱中期形成的白云岩夹层受暴露、侵蚀导致地形复杂多变。像喀斯特地形一类复杂的地貌条件会影响碎屑状含磷沉积物的分布,相对地势较高的隆起地区碎屑状磷质沉积物受水流不断冲刷,含磷沉积物相对较少,而经水流冲刷、分选作用的碎屑磷质被带到相对低洼环境,导致含磷沉积物聚集,形成厚度较大的磷块岩,造成同一矿区小范围内磷块岩厚度、品位变化大(毛铁等,2015)(图4-11)。因此新寨地区与永温、洋水等地区直接在暴露、淋滤作用改造的磷矿层基础上再次成矿不同,新寨地区a、b矿层均为独立成矿,水流作用相对较弱,水流簸选作用受限,且受复杂多变的地形影响,其矿石品位很难达到优质水平,矿层分布也极不稳定。

陡山沱末期—灯影早期,海平面再次下降(图6-1e),开阳洋水、永温等矿区已沉积的磷矿层再次遭受暴露、淋滤影响,同时矿层受水流影响再次遭受冲刷、簸选作用影响,使矿石内的白云石、陆源细碎屑等杂质副矿物成分净化,矿石品位进一步提升,磷块岩历经多期次簸选、淋滤作用影响后,部分矿石P_2O_5含量甚至可以达到40%以上,基本接近纯磷灰石P_2O_5含量,从而形成了磷质品位最高的富磷产区。白泥坝、翁昭等近陆源矿区仍然受陆源碎屑输入影响,矿石受碎屑颗粒稀释,品位难以提升,而水体较深的新寨矿区簸选、淋滤作用较弱,矿石品位提升不明显,难以达到洋水、永温等地的高品位磷矿床。因此通过一系列沉积成岩过程,浪基面以上水动力最强的临滨带往往受簸选成矿作用和淋滤成矿作用影响最大,形成含磷品位最高的磷矿石。

综上所述,开阳地区的磷矿床成矿模式可分为沉积作用阶段和成岩作用阶段,簸选成矿作用和淋滤成矿作用交替多期次进行,其中古地理面貌控制了磷矿床的沉积与分布,在无障壁磷质海滩沉积环境下,临滨带为磷质聚集成矿的优势区域。陡山沱期动荡的水体环境为磷矿层的富矿作用提供了有利条件,原生沉积的磷矿层很难达到优质品位,磷块岩经受多期次的冲刷、簸选、暴露、淋滤、胶结及再沉积作用才最终形成高品位磷矿床。

二、瓮福地区磷矿床成矿模式

通过瓮福地区含磷岩系层序分析、矿石成因类型分析、沉积环境与沉积相分析及结合黔中地区岩相古地理背景可见,震旦纪陡山沱期瓮福地区处于黔中古陆东缘,新元古代冰期后,海水自东向西发生大规模海侵,形成了西临古陆、整体地势东低西高的古地理格局,瓮福沉积区由前雍半岛分隔,形成南部大湾-白岩障壁湾和北部翁招坝障壁湾,障壁湾东部水深逐渐增大,转变为浅海陆棚沉积。

陡山沱初期,近陆周缘首先沉积一层由细砂岩、粉砂岩、黏土岩组成的陆源细碎屑岩沉积序列,层序向上逐渐相变为砂泥岩及白云岩互层沉积,层内水平层理、透镜状层理发育,代表海侵初期水环境较低能的潮间-潮上带沉积,同期水深相对较深的大湾-白岩障壁湾和翁招坝障壁湾内部及白岩背斜东翼发育盖帽白云岩沉积。

陡山沱早期海侵规模进一步扩大，瓮福矿区仍继承陡山沱初期的古地理面貌，本期大量富磷海水已在浅海聚集，生物生产力繁盛，并逐渐开始磷质沉积，沉积物也由砂泥岩、白云岩相向磷块岩相逐渐转变。大湾-白岩地区及翁招坝仍为半封闭障壁湾环境，形成含白云质条纹状（条带）磷块岩为主的 a 矿层沉积，a 矿层厚度及品位等值线图可见（图 4-4、图 4-7），大湾-白岩障壁湾和翁招坝障壁湾 a 矿层厚度大、品位高，磷块岩类型以团球粒磷块岩为主，磷质团球粒一般为藻类胞外聚合物或微生物吸附磷质黏结聚集、滚动、磨蚀而成，且伴随海水的不断波动形成白云质条纹（条带），代表了海侵背景下的潮下-潮间带沉积环境。而近岸极浅水地区由于受陆源碎屑稀释及生物聚集动力不足影响，矿层厚度及品位均差于障壁湾内沉积的矿层。

陡山沱中期海平面大幅度下降，a 矿层之上沉积一层微晶白云岩（夹层段），上段可见晶洞、团块等暴露构造，晶洞内可见充填的碳泥质磷块岩，为喀斯特侵蚀面，指示潮上带暴露沉积环境，表明本期海平面迅速下降，浅部海水磷质供应不足，形成白云岩沉积，并遭受暴露、硅化等作用。

陡山沱晚期再次发育 b 矿层磷块岩沉积，瓮福地区古地理面貌与陡山沱初期变化不大，海侵开始时首先形成潮间带含磷白云岩，伴随海侵继续，沉积环境转变为潮下半封闭障壁湾，开始发育泥晶白云岩与碳泥质磷块岩互层沉积，表明海平面迅速上升，为深潮下带最大海泛面下较静水环境下的沉积产物；b 矿层磷块岩中逐渐发育多细胞藻类、疑源类及"胚胎"类生物，是生命演化的重要阶段，高等生物的逐渐出现，表明障壁湾内适宜的海水条件和充足的氧分为生物的生长繁殖提供了有利条件，导致矿层内各种生物化石发育，也促使生物作用成矿。与陡山沱早期成磷事件类似，本期大湾-白岩障壁湾和翁招坝障壁湾仍为优势成磷区（图 4-6、图 4-8）。

通过对瓮福地区陡山沱组沉积层序、磷块岩成因类型及沉积环境研究，并结合单因素分析多因素综合作图可见，瓮福地区古地理面貌控制了磷矿层的厚度、品位分布，位于前雍半岛北缘的翁招坝障壁湾和南缘的大湾-白岩障壁湾处于相对半封闭的水体环境，有利于生物的生长繁盛，对磷质的聚集成矿有显著影响，成为优势成磷带，无论 a 矿层及 b 矿层均有较大的厚度和较高的品位；而近岸浅水区由于受陆源碎屑输入及生物聚磷动力不足影响，其矿层厚度、品位均差于障壁湾内磷矿床沉积。与开阳地区磷矿床相比，瓮福地区生物作用对矿石的沉积富集作用影响显著，簸选成矿和淋滤成矿作用同样使局部层位矿石达到较高品位。

第七章 结 论

一、矿石类型

黔中地区陡山沱组磷矿床矿石类型复杂多样,但磷矿石中主要矿物成分均为碳氟磷灰石,且矿石类型主要以颗粒状的磷块岩为主。颗粒状磷块岩由碎屑状磷块岩(砂屑、砾屑、粉屑)、团球粒和鲕豆粒磷块岩组成,其中砂屑磷块岩是开阳地区分布最为广泛的磷块岩类型,也是矿石品位最高的磷块岩类型,为正在沉积的各类磷块岩在没有完全固结、硬化之前反复经受冲刷破碎、暴露淋滤及堆积胶结作用的产物;团球粒磷块岩是组成瓮福矿区 a 矿层的主要矿石类型,其成因可能与微生物活动有关,推测为生物作用黏结、滚动、磨蚀而成。颗粒状磷块岩中颗粒间的胶结物主要以白云质和磷质为主,含少量硅质或黏土质胶结,不同的胶结物类型也表明在沉积成岩期成矿环境的转变,不同的胶结环境对矿石的品位有很大的影响,且受后期成岩暴露作用影响,淋滤作用形成的土状、半土状磷块岩也有广泛发育。

除颗粒状磷块岩外,生物作用形成的各种类型磷矿石也是黔中磷矿的重要组成部分,息烽温泉和福泉夏安的叠层石磷块岩为藻类生物黏结磷质叠覆生长的产物,最终形成了较高品位的磷矿床;瓮福地区 b 矿层内生物化石丰富,是瓮安生物群的主要赋存矿层,因此生物化石磷块岩极为发育;除此之外,在近岸地区沉积的磷质泥晶作为陆源碎屑颗粒胶结物的陆屑-胶结磷块岩和远岸深水地区与泥页岩、硅质岩共生的泥晶质磷块岩也均有发育。

二、成矿期古地理环境

新元古代冰期过后,气候转暖,全球海平面不断上升,在扬子地台发生了来自北东向、南东向的大规模海侵,并在黔中古陆周缘的浅水海岸存在大量磷质沉积记录。黔中地区陡山沱期古地理是在南沱期海口湾的基础上继承发展的,川黔滇高地被海水淹没发育台地相沉积,遵义湾演变为开放的黔西陆表海沉积环境,黔东北铜仁地区由于早期地势较高,陡山沱期海侵后演变为孤立台地沉积;黔中古陆海岸线不断后移,开阳、瓮福等地区由陆地变为滨浅海沉积环境,最终形成以黔中古陆为基础的海岸沉积模式。

通过对黔中地区陡山沱期定量岩相古地理恢复,结合各地区各矿物相的沉积环境与沉积相分析,开阳地区位于黔中古陆北缘,无障壁磷质海岸环境及动荡的海水条件为磷质的富集、沉积及成矿提供了有利的古地理条件。开阳地区洋水、温泉、永温等地区所处的临滨带为磷块岩沉积的优势区,形成了以砂屑磷块岩为主的磷矿床沉积,且矿层磷质受海平面不断震荡影响,存在多期次物理分选作用、淋滤风化作用富集,最终形成厚度大、品位高的优质磷矿床;地势最高的白泥坝—翁昭一线水体较浅,难以形成磷质聚集;而新寨地区水体相对较深,一般处于下临滨—远滨沉积环境,受暴露、淋滤作用不明显,分 a、b 段矿层,且新寨地区地形复杂、海底起伏较大,导致矿层厚度、品位分布不稳定。

瓮福地区处于黔中古陆东缘,受古陆东北部半岛环绕,整体为障壁型海岸沉积环境,与开阳地区不同,水流冲刷作用对磷块岩的影响相对较弱,矿石以原生沉积生物作用相关的磷块岩为主,且瓮福地区水深相对较大,a矿层以微生物黏结、滚动、磨蚀而成的团球粒磷块岩为主,常夹白云石纹层或条带,之后的暴露期存在夹层白云岩沉积,因此对a矿层的淋滤改造作用较弱,b矿层内生物作用痕迹明显,矿石多以含生物化石磷块岩为主,表明本期瓮福水体较为平静的障壁浅海透光带为生命的演化提供了极佳的生长繁殖环境;此外b矿层顶部局部存在暴露、淋滤作用较强的土状、半土状磷块岩,为陡山沱—灯影初期海平面下降导致暴露、淋滤作用的产物。

遵义地区处于黔中古陆西北部黔西内陆棚沉积相区,丹寨地区处于黔中古陆东南部黔东外陆棚沉积相区,两地区沉积岩性组合相似,以中薄层粉砂岩、泥页岩及泥晶白云岩沉积为主,沉积厚度大,但磷矿层主要以透镜体形式赋存,磷质以沉积物孔隙间泥晶或结核形式沉降,分布极不稳定,单层矿体厚度一般不超过2m,为较深水相的陆棚沉积产物。

因此,黔中古陆控制了陡山沱期磷矿床的沉积分布,在水下隆起边缘及水下浅滩形成富磷沉积层序,在浅滩及潮坪沉积环境下为成磷优势区带,特别是临滨带或潮间带-潮下带磷块岩尤为富集,形成了开采利用价值极大的磷矿床;在地势较高的隆起近岸带和地势较低的半深水缓坡,低磷灰石沉积率和缺少聚集源动力以及经历太多陆源物质的稀释,成矿结果往往并不理想。

三、成矿地质条件

通过一系列的地球化学分析对比认为,黔中地区磷块岩的最终成矿物质来自于陆源风化,但在磷块岩沉积过程中陆源输入并不强烈,沉积物中的磷质来源并不是直接来自于同沉积期的陆源风化作用,而是与同期大洋磷循环过程中的上升洋流有关。新元古代末期冰期—间冰期过程中气候变暖导致陆源风化强烈,来自陆源的磷质输入量大幅提升,且冰期内封闭缺氧环境导致磷质不能有效沉降,使海水中磷质聚集;冰期结束后,海水封闭体系重新被打开,原本停滞的大洋磷循环也再次启动,上升洋流作用携带磷质等养分进入黔中古陆周缘浅水地区,在温暖含氧的条件下生物逐渐繁盛,使得沉积物中含有大量聚集磷的有机质,生物分解作用下释放出富含磷酸盐的物质,当达到过饱和时使得磷灰石不断沉积,故陡山沱期整个扬子地台东南缘均有磷质沉积记录,而在水下隆起的边缘、水下浅滩形成优质成矿带。

黔中地区原生磷块岩主要以有机沉降模式和"Fe-氧化还原泵"模式沉积,两种沉积模式主要与携磷载体和氧化还原界面有关,因此黔中地区成矿环境一般存在于古陆或隆起周缘的浅水海岸,一方面适度的海水深度为深部上升洋流携带磷质输入浅水聚集的最佳区域,另一方面海水中的藻类生物不断吸收磷质,并在沉积埋藏过程中降解释放磷质进入沉积物-水界面附近,使底层海水中磷酸盐浓度不断聚集,为磷矿的原始沉积提供了良好的成矿地质条件。且通过对瓮福地区地层层序划分和海平面升降分析,将黔中地区陡山沱期划为两次大的海侵-海退事件和一次海侵事件,海平面的不断震荡为磷块岩的机械作用富集和暴露淋滤作用成矿提供了有利成矿的地质环境,对矿石的品位分布也有很大的影响。

四、成矿地质作用

黔中地区高品位碎屑状磷矿石往往经历三阶段成矿作用:初始成磷作用、簸选成矿作用和淋滤成矿作用,在磷块岩沉积、成岩过程中,海平面的频繁进退使磷块岩受多期次的冲刷、暴露、淋滤、胶结及磷质再沉积作用,三阶段成矿作用交替进行,物理冲蚀分选和化学风化淋滤是导致高品位磷矿石出现的主要原因。

初始成磷作用阶段,上升洋流携带底部富磷海水上涌至浅水透光层,为生命活动提供物质来源,使黔中古陆周边海水藻类生物迅速繁殖,而生物降解、释放磷质进一步增加了海水磷酸盐浓度,这样微生物的繁盛与海水中的磷质含量形成正反馈,使黔中古陆周缘浅水地区磷酸盐浓度急剧上升,最终形成磷灰石沉积;原生沉积的磷块岩在没有完全固结、硬化之前,即遭受到岸流、波浪、底流或潮汐作用的剥蚀、冲刷和簸选,成为大小不等的角砾碎屑,然后就地或者经短距离搬运而堆积下来,而沉积物中硅泥质、有机质等微、细粒成分受水流冲刷、搬运流失,且海平面变化频繁,浅水滨岸带水动力较强,在整个磷酸盐碎屑的形成过程中,这种冲刷破碎、堆积胶结作用,可以反复多次,形成磷质的机械作用簸选富集;黔中地区矿层往往受海平面下降影响处于风化、淋滤带或地表、地下的渗透带,由于黔中地区磷块岩矿石类型应为含碳酸盐岩类磷块岩,主要副矿物为白云石,少量方解石,其中影响矿石品位的主要矿物普遍为碳酸盐类矿物,在矿石暴露、风化淋滤过程中,碳酸盐矿物溶解能力最强,淋滤反应将首先进行,并将抑制与磷酸盐矿物、硅酸盐矿物的反应,使矿石中的主要副矿物成分碳酸盐类矿物成分大大降低,从而进一步提升矿石品位。

因此,黔中地区(以开阳地区为主)高品位碎屑状矿石成矿模式可分为沉积作用阶段和成岩作用阶段,簸选成矿作用和淋滤成矿作用交替多期次进行,其中古地理面貌控制了磷矿床的沉积与分布,在无障壁磷质海滩沉积环境下,临滨带为磷质聚集成矿的优势区域。陡山沱期动荡的水体环境为磷矿层的富矿作用提供了有利条件,原生沉积的磷矿层很难达到优质品位,磷块岩经受多期次的冲刷、簸选、暴露、淋滤、胶结及再沉积作用才最终形成高品位磷矿床。

附录1:图版

图版1

a.鲕豆粒磷块岩,开阳新寨;b.砾屑磷块岩,开阳永温;c.砂屑磷块岩,呈致密状,开阳永温;d.砂屑磷块岩,较疏松,可见磷质砂屑颗粒,开阳用沙坝;e.含白云质细条带砂屑磷块岩,开阳永温;f.含白云质条带砂屑磷块岩,开阳永温;g.球粒磷块岩中的胚胎球粒化石,瓮安 ZK1504;h.球粒磷块岩中的胚胎球粒化石,瓮安 ZK511

图版 2

a. 砂屑磷块岩中的孔洞与白云石充填,开阳冯三;b. 磷矿床 a、b 矿层夹层白云岩孔洞,充填碳质,开阳新寨;c. a、b 矿层夹层白云岩中的硅质团块、角砾,瓮安;d. a、b 矿层夹层白云岩中的砾屑磷块岩,瓮安;e. 磷矿床底部的砾屑磷块岩,开阳极乐;f. 叠层石磷块岩,磷质叠层石柱体,柱体间充填白云质;g. 叠层石磷块岩,磷质柱体,开阳新寨;h. 叠层石磷块岩,磷质柱体有硅化,柱体间充填磷质砂屑颗粒,息烽温泉

图版 3

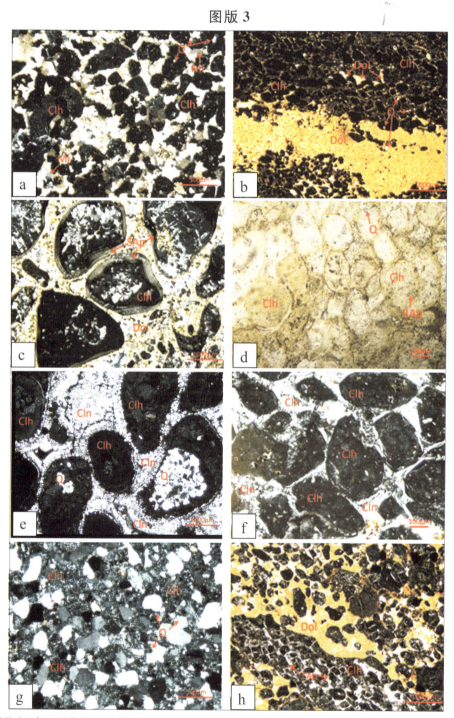

a. 砂屑磷块岩,白云石胶结,正交镜,瓮安 ZK1504;b. 砂屑磷块岩,白云质条带,条带内含少量磷质颗粒,正交镜,开阳永温;c. 豆粒磷块岩,正交镜,开阳新寨;d. 团粒磷块岩,单偏光,瓮安 ZK511;e. 砂屑磷块岩,玉髓胶结,正交镜,瓮安英坪;f. 砂屑磷块岩,玉髓胶结,正交镜,开阳沙坝土;g. 陆源碎屑-磷质胶结磷块岩,正交镜,开阳新寨;h. 砾屑磷块岩,正交镜,开阳永温;(Clh. 隐晶质磷灰石;SAp. 纤维状磷灰石包壳;RAp. 重结晶磷灰石晶体;Dol. 白云石;Q. 石英;Cln. 玉髓;Mi. 云母)

图版 4

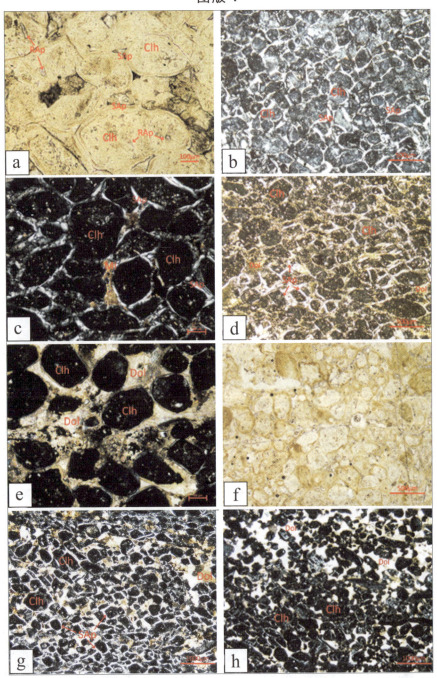

a. 砂屑磷块岩，亮晶环边＋磷质泥晶胶结，单偏光，开阳沙坝土；b. 砂屑磷块岩，亮晶环边＋磷质泥晶胶结，正交镜，开阳沙坝土；c. 砂屑磷块岩，亮晶环边＋磷质泥晶胶结，正交镜，息烽温泉；d. 砂屑磷块岩，亮晶环边＋白云石泥晶胶结，正交镜，开阳永温；e. 砂屑磷块岩，白云石胶结，正交镜，息烽温泉；f. 砂屑磷块岩，磷质环边胶结，单偏光，开阳马路坪；g. 砂屑磷块岩，亮晶环边＋白云石胶结，正交镜，开阳沙坝土；h. 砂屑磷块岩，磷质泥晶＋白云石胶结，正交镜，开阳马路坪（Clh. 隐晶质磷灰石；SAp. 纤维状磷灰石包壳；RAp. 重结晶磷灰石晶体；Dol. 白云石）

图版 5

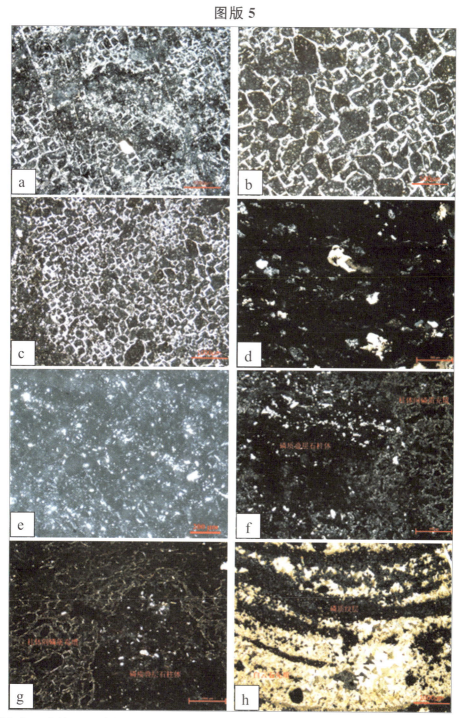

a.砂屑磷块岩,正交镜,开阳沙坝土;b.砂屑磷块岩,正交镜,开阳马路坪;c.砂屑磷块岩,正交镜,开阳马路坪;d.泥晶磷块岩,正交镜,息烽温泉;e.泥晶磷块岩,正交镜,开阳马路坪;f.叠层石磷块岩,叠层石柱体为磷质黏结,柱体间为磷质砂屑充填,正交镜,开阳永温;g.叠层石磷块岩,叠层石柱体为磷质黏结,柱体间为磷质砂屑充填,正交镜,息烽温泉;h.叠层石磷块岩,叠层石柱体为磷质黏结与白云石叠覆生长,正交镜,福泉夏安;a~g均为陡山沱组内磷块岩层,h产于灯影组上部

图版 6

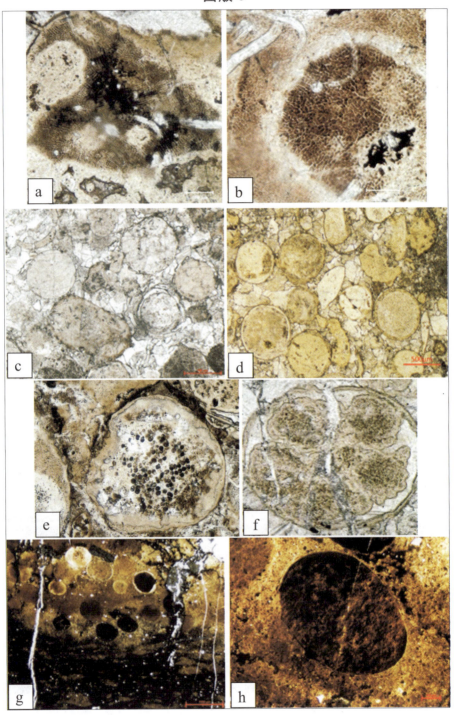

a. 多细胞藻类磷块岩,单偏光,瓮安 ZK511;b. 多细胞藻类磷块岩,单偏光,瓮安 ZK511;c. 球粒磷块岩,球粒周边可见外壁,单偏光,瓮安 ZK511;d. 球粒磷块岩,球粒内由磷质组成,球粒周边可见外壁,单偏光,瓮安 ZK1504;e. 胚胎细胞早期分裂,单偏光,瓮安 ZK511;f. 胚胎分裂,周边外壁包壳,单偏光,瓮安 ZK511;g. 泥晶磷块岩中的生物球粒,正交镜,丹寨番仰;h. 泥晶磷块岩中的生物球粒,正交镜,丹寨番仰

图版 7

a. 粗碎屑磷块岩,开阳白泥坝;b. 竹叶状磷块岩,可见黄铁矿条带,开阳白泥坝;c. 磷矿层中的溶蚀孔洞,开阳极乐;d. 疏松土状结构砂屑磷块岩,开阳永温;e. 磷块岩层与白云岩层侵蚀不整合面,开阳白泥坝;f. 砂屑磷块岩内的溶蚀孔洞,开阳永温;g. 砂屑磷块岩中的自生黄铁矿颗粒,开阳用沙坝;h. 砂屑颗粒内部黄铁矿颗粒和六方柱状重结晶磷灰石柱状晶体,开阳永温

图版 8

a. 含砾石海绿石砂岩,开阳极乐;b. 含海绿石砂岩层内楔状交错层理,开阳极乐;c. 底板含海绿石砂岩层内的竹叶状砾石,开阳永温;d. 磷矿床底部砾屑磷块岩,息烽温泉;e. 纹层状磷矿层内的溶蚀孔洞,开阳极乐;f. 磷矿层内侵蚀不整合面,开阳沙坝土;g. 磷矿层内的板状交错层理,开阳沙坝土;h. 磷矿床内的平行纹层,开阳沙坝土

图版 9

a. 中厚层含海绿石砂岩层,开阳极乐;b. 含海绿石砂泥岩互层,瓮安 ZK208 钻孔;c. 含海绿石砂泥岩内脉状层理,瓮安 ZK1202 钻孔;d. 盖帽白云岩层内席状裂隙,瓮安大塘;e. 盖帽白云岩层内瘤状突起,瓮安大塘;f. 盖帽白云岩层内瘤状突起内的重晶石层,瓮安大塘;g. 含锰质微晶白云岩,开阳永温;h. 含锰质微晶白云岩,开阳新寨

图版 10

a. 含溶蚀孔洞的的夹层硅质白云岩,开阳新寨;b. 含溶蚀孔洞的夹层白云岩,孔洞内有碳质充填,瓮福 ZK511 钻孔;c. 砂屑磷块岩,含较多微细孔洞,胶结程度较差,开阳用沙坝;d. 砂屑磷块岩,含溶蚀孔洞,开阳永温; e. 含水平细纹层细砂屑磷块岩,开阳新寨;f. 波状纹层细砂屑磷块岩,开阳新寨;g.a 矿层致密状团球粒磷块岩,瓮安 ZK1202;h.a 矿层纹层状团球粒磷块岩,瓮安大塘

图版 11

a.含锰质、磷质砾屑磷块岩,开阳新寨;b.竹叶状砾屑磷块岩,砾石近直立排布,开阳新寨;c.瓮安 b 矿层底部碳泥质磷块岩层,瓮安大塘;d.松林陡山沱组内泥晶磷块岩,遵义松林;e.番仰陡山沱组内泥晶磷块岩,丹寨番仰;f.瓮安 b 矿层上部含胚胎化石磷块岩,瓮安北斗山;g.土状磷块岩,开阳永温;h.土状磷块岩,瓮安 ZK119

图版 12

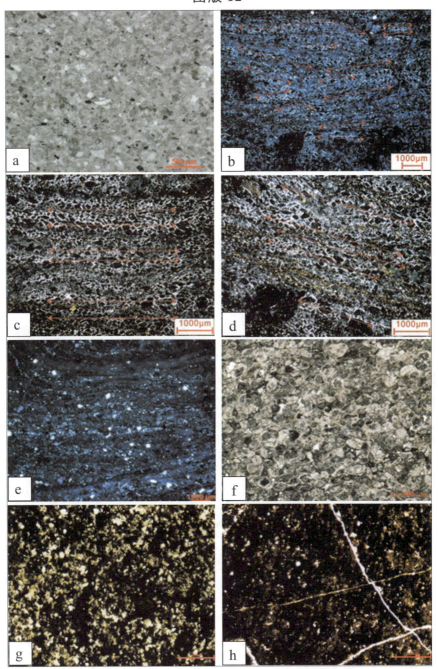

a. 陡山沱组底部海绿石砂岩，单偏光，洋水马路坪矿段；b. 砂屑磷块岩，砂屑颗粒长轴方向呈波状纹层（红色箭头代表砾石长轴排布），正交镜，洋水极乐矿段；c. 砂屑磷块岩，砂屑颗粒长轴方向呈平行纹层（红色箭头代表砾石长轴排布），正交镜，洋水极乐矿段；d. 砂屑磷块岩，砂屑颗粒长轴方向呈平行纹层（红色箭头代表砾石长轴排布），正交镜，洋水极乐矿段；e. 纹层状细砂屑磷块岩，含水平细纹层，石英颗粒含量较多，正交镜，开阳新寨；f. a矿层团球粒磷块岩，单偏光，瓮安 ZK511；g. 泥晶磷块岩，黑色不透明部分为泥晶磷质，单偏光，遵义松林；h. 泥晶磷块岩，黑色不透明部分为泥晶磷质，单偏光，遵义松林

图版 13

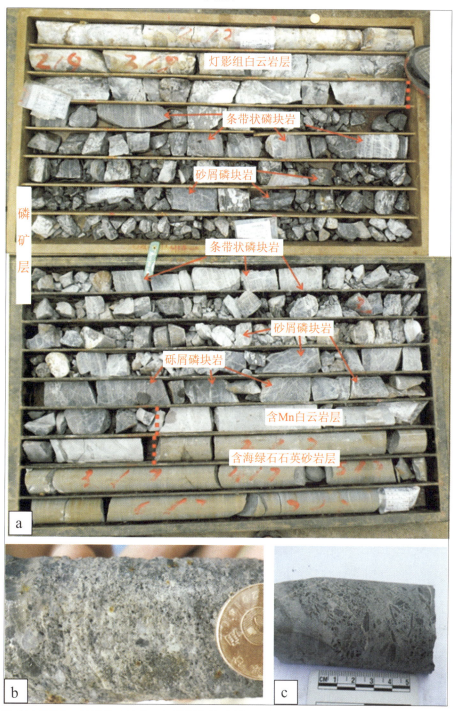

a. 开阳永温矿区 ZK1207 钻孔陡山沱期—灯影早期钻孔剖面,自下而上可分为①含海绿石石英砂岩层,②含锰质白云岩层,③磷矿层,其中包含砾屑磷块岩、砂屑磷块岩、含白云质条带磷块岩,④灯影组微晶白云岩层;b. 含磷质、硅质碎屑粗砂岩,开阳白泥坝;c. 含竹叶状砾屑磷块岩,砾屑近水平向排列,瓮安 ZK1903

图版 14

a. 含白云质纹层的砂屑磷块岩,陆缘沉积区,仅发育一层矿,瓮安 ZK1903;b. 矿层顶部碎屑状磷块岩,陆缘沉积区,仅发育一层矿,瓮安 ZK1903;c. 陡山沱组底部白云岩层内的砂岩碎屑,瓮安 ZK1903;d. a 矿层团球粒磷块岩,含少量海绿石颗粒,瓮安 ZK1202;e. 夹层内的硅质团块、角砾,瓮安大塘;f. 灰色、深灰色纹层状叠层石磷块岩,磷质与白云质纹层叠覆生长,福泉夏安;g. 叠层石磷块岩,叠层石呈白色柱状或树枝状,充填物为白云质与磷质纹层互层,福泉夏安;h. 瓮安含白云质纹层的团球粒磷块岩,白云质条纹与团球粒磷块岩互层构成透镜状层理,瓮安 ZK208;i. 瓮安含白云质纹层的团球粒磷块岩,白云质条纹与团球粒磷块岩互层构成脉状层理,瓮安 ZK208

图版 15

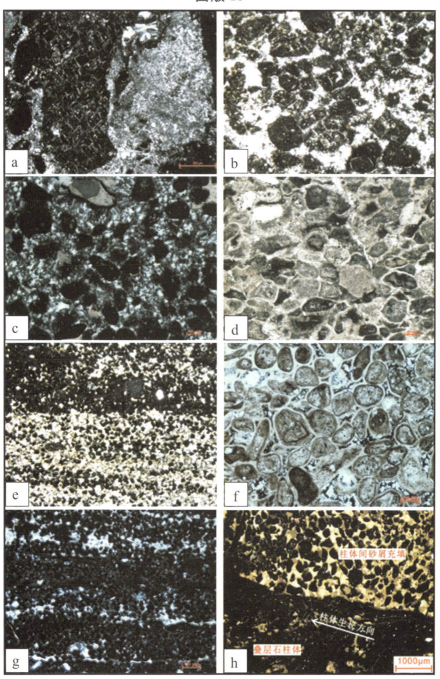

a. 砾屑磷块岩的砾屑,由磷质砂屑颗粒组成,正交镜,翁昭麻地坪;b. 砂屑磷块岩,硅质胶结,正交镜,瓮安英坪;c. 砂屑磷块岩,玉髓胶结,正交镜,瓮安 ZK511;d. a 矿层团球粒磷块岩,单偏光,瓮安 ZK511;e. a 矿层含白云石条带团球粒磷块岩,磷质条带由磷质团球粒组成,白云质条带主要为白云石,含少量磷质团球粒,正交镜,瓮安 ZK511;f. 砂屑磷块岩,陆缘沉积区,仅发育一层矿,单偏光,瓮安 ZK1903;g. 含白云质细纹层砂屑磷块岩,由磷质砂屑条带和白云石条带组成,仅发育一层矿,正交镜,瓮安 ZK1903;h. 叠层石柱体间的砂屑磷质充填,正交镜,开阳新寨

图版 16

a. 叠层石磷块岩,叠层石柱体呈白色树枝状、分叉状或弯状,柱体间有磷质砂屑充填,息烽温泉;b. 叠层石磷块岩,柱体呈柱状或树枝状,柱体内可见相间纹层,柱体间被白云质充填,福泉夏安;c. 叠层石磷块岩,柱体呈柱状,柱体间可见纹层状充填,福泉夏安;d. 瓮福磷矿 b 矿层内微体生物球粒化石,瓮安北斗山;e. 胚胎生物化石内的围卵腔,瓮安大塘;f. 胚胎生物化石壳体内陷、挤压和磷酸盐化,瓮安 ZK511;g. 胚胎生物化石表面的表壳结构;h. 胚胎生物化石早期分裂和壳体内孔隙,瓮安 ZK1504

图版 17

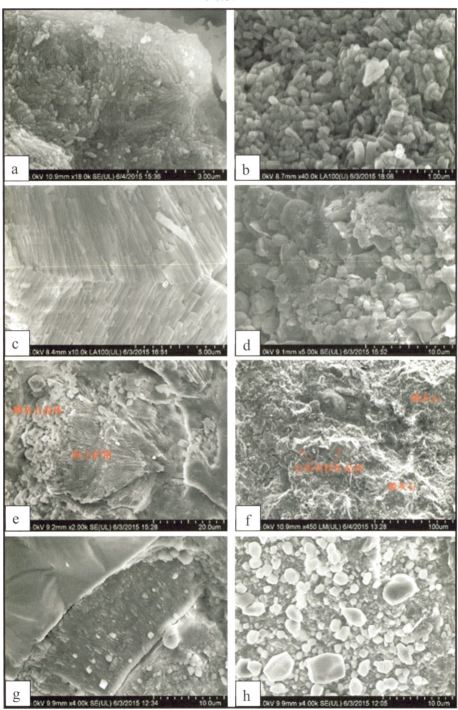

a. 焰状非晶质超微磷灰石晶粒集合体，开阳用沙坝；b. 短柱状超微磷灰石晶体集合体，开阳沙坝土；c. 环边层纤维状磷灰石，磷灰石晶体呈长柱状，顺层垂直排列，开阳沙坝土；d. 粒柱状磷灰石晶体，开阳马路坪；e. 黏土矿物，分布于晶粒磷灰石晶体间，开阳马路坪；f. 磷灰石晶体间的自形黄铁矿晶体，开阳用沙坝；g. 环边层纤维状磷灰石，有重结晶粒柱状磷质晶体，顺层垂直排列，开阳马路坪；h. 重结晶粒柱状磷灰石晶体，开阳马路坪

图版 18

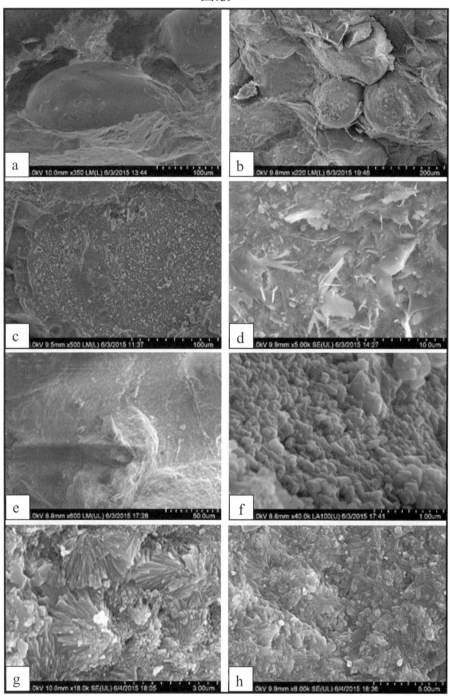

a.砂屑磷块岩中的磷质砂屑颗粒,颗粒周围可见磷质包壳,开阳马路坪;b.砂屑磷块岩中的磷质砂屑颗粒,颗粒周围可见磷质包壳,开阳用沙坝;c.砂屑磷块岩中的破碎磷质砂屑颗粒,颗粒周围可见磷质包壳,开阳马路坪;d.磷质砂屑颗粒内部的丝状磷灰石晶体,开阳马路坪;e.磷质砂屑颗粒内部的自形石英晶体,开阳用沙坝;f.磷质砂屑颗粒内部的短柱状超微磷灰石晶体集合体,开阳用沙坝;g.磷质团球粒内部超微长柱状磷灰石晶体,瓮安白岩背斜东翼;h.磷质团球粒内部磷灰石晶体呈放射状排布,瓮安白岩背斜东翼

附录2：开阳地区磷块岩地球化学数据

附表1 永温勘查区矿石化学成分分析结果表

采样位置	P_2O_5	LOSS	Al_2O_3	TFe_2O_3	SiO_2	MgO	CaO	K_2O	Na_2O	枸溶性P_2O_5	F	Cl	Cd	As	I
ZK1215	34	8.94	0.59	0.94	2.91	2.45	51.8	0.13	0.26	4.22	2.87	0.01	0.062	30.4	<0.1
ZK1215	28.03	8.99	1.32	3.45	11.48	2.34	43.44	0.38	0.19	4.03	2.85	0.01	0.029	28.9	<0.1
ZK417	33.42	8.22	0.4	0.75	3.99	2.69	50.99	0.1	0.23	4.5	2.91	0.01	0.046	66.4	<0.1
ZK417	32.54	7.58	0.89	2.4	6.13	2.31	46.92	0.23	0.21	5.16	2.98	0.02	0.038	38.6	<0.1
ZK309	29.46	9.71	0.96	2.71	8.51	3.34	45.6	0.23	0.18	4.07	2.71	0.01	0.076	54.7	0.1
ZK309	30.32	9.96	0.93	2.24	7.48	3.67	49.19	0.23	0.19	4.18	2.78	0.01	0.044	62.5	<0.1
ZK1109	25.23	12.92	0.39	0.68	3.79	4.12	42.52	0.1	0.16	3.81	2.66	0.01	0.07	68.8	0.1
ZK1109	33.52	7.78	0.57	0.97	5.22	2.53	50.99	0.14	0.27	4.55	2.96	0.01	0.048	65.4	<0.1
ZK1109	31.33	8.54	0.83	1.57	6.87	2.94	47.56	0.25	0.22	4.47	2.99	0.01	0.052	85.7	<0.1
ZK317	31.92	9.04	0.57	0.93	5.95	3.28	49.69	0.15	0.24	4.58	2.84	0.01	0.03	54.8	<0.1
ZK317	23.21	13.83	1.15	4.85	11.72	5.35	39.45	0.35	0.13	2.99	2.43	0.01	0.07	47	0.1
ZK308	31.93	5.21	1	0.98	13.24	1.32	48.71	0.15	0.22	5.85	3.21	0.02	0.046	62.4	<0.1
ZK409	33.68	6.88	1.03	1.34	5.6	2.19	48.3	0.28	0.2	5.16	2.99	0.02	0.052	82.8	<0.1
ZK301	27.19	12.52	0.85	1.38	9.35	4.97	44.94	0.23	0.17	3.2	2.75	0.02	0.078	78	0.1
合计	425.78	130.12	11.45	25.19	102.24	43.49	660.1	2.96	2.86	60.77	39.93	0.18	0.74	826.4	
平均	30.41	9.29	0.82	1.8	7.3	3.11	47.15	0.21	0.2	4.34	2.85	0.01	0.05	59.03	<0.1

注：单位除Cd、As为$\times 10^{-6}$外，其余均为$\times 10^{-2}$

附表 2 新寨勘查区矿石化学成分分析结果表

(单位：$\times 10^{-2}$)

采样位置	P_2O_5	CaO	MgO	CO_2	SiO_2	Al_2O_3	Fe_2O_3	TiO_2	K_2O	Na_2O	SO_3	LOSS	枸溶性 P_2O_5
ZK701	25.77	41.64	4.26	8.77	11.40	1.12	1.28	0.035	0.33	0.223	2.935	10.60	3.85
ZK709	27.39	45.23	4.68	9.65	8.60	0.79	1.46	0.028	0.23	0.329	2.461	10.80	4.46
	23.74	40.98	6.80	12.76	9.74	1.20	1.07	0.030	0.35	0.198	1.426	14.12	3.58
	23.31	42.20	7.89	16.34	6.71	0.64	0.91	0.025	0.18	0.211	0.919	16.79	3.35
ZK004	31.14	47.46	3.50	7.57	4.74	0.93	1.01	0.033	0.26	0.279	1.551	8.56	4.94
	22.19	38.18	5.67	11.21	16.09	1.84	1.05	0.052	0.52	0.186	1.336	12.80	3.81
ZK1504	23.48	41.30	6.92	13.46	10.88	0.73	0.93	0.027	0.23	0.186	1.281	14.54	3.41
ZK817	21.11	38.86	7.51	14.22	10.09	1.27	1.86	0.033	0.36	0.198	3.355	15.86	3.35
ZK809	27.38	43.67	4.51	8.87	9.67	1.23	1.24	0.040	0.33	0.229	1.943	10.59	4.31
ZK717	13.49	28.94	8.82	15.69	18.40	1.45	3.33	0.035	0.42	0.093	6.977	18.80	2.16
ZK005	17.86	35.29	8.36	15.30	14.58	1.01	1.94	0.032	0.32	0.167	3.396	17.03	2.55
合计	256.88	443.75	68.92	133.82	120.90	12.21	16.07	0.370	3.53	2.300	27.579	150.50	39.77
平均	23.35	40.34	6.27	12.17	10.99	1.11	1.46	0.03	0.32	0.21	2.51	13.68	3.62

续附表 2

采样位置	H·P	Hg	F	Cl	V	Cr	Sr	Mo	Cd	Ba	Pb	I	As
ZK701	12.88	1.42	2.95	0.02	35	12	536	1.0	0.14	2258	6.9	75	36.3
ZK709	7.84	1.36	2.85	0.02	31	7.9	413	1.7	0.49	764	27	77	53.0
	9.23	0.574	2.32	0.02	32	10	347	0.82	0.20	882	9.8	62	37.9
	5.95	0.431	2.18	0.02	34	7.7	339	1.2	0.13	411	9.3	71	22.8
ZK004	4.58	0.574	2.86	0.02	29	9.6	456	1.1	0.04	487	6.0	45	22.6
	16.82	0.379	2.26	0.02	34	12	324	1.6	0.08	1366	6.2	41	19.8
ZK1504	9.94	0.540	2.38	0.01	36	10	370	1.0	0.09	799	7.5	46	22.3
ZK817	11.68	0.758	2.15	0.01	37	9.0	484	2.1	0.15	738	13	124	39.5
ZK809	9.29	0.540	2.74	0.01	35	11	415	1.2	0.07	1850	6.0	45	37.9
ZK717	23.01	1.06	1.82	0.01	40	11	514	2.2	0.19	551	10	43	37.0
ZK005	16.78	0.660	2.21	0.01	26	9.2	410	1.2	0.16	423	7.0	59	54.7
合计	128.00	8.296	26.72	0.17	369	109.4	4608	15.12	1.74	10529	108.7	688	383.8
平均	11.64	0.75	2.43	0.02	33.55	9.95	418.91	1.37	0.16	957.18	9.88	62.55	34.89

附表 3 研究区磷块岩矿石化学全分析结果统计表

化学成分	b2		b1		b		a		a+b	
	极值	均值	极值	均值	极值	均值	极值	均值	极值	均值
$P_2O_5(\times 10^{-2})$	18.65~29.69	22.53	17.02~29.61	25.38	17.02~29.69	23.08	22.22~29.00	25.85	17.02~29.69	24.56
枸溶性 $P_2O_5(\times 10^{-2})$	1.96~4.59	2.98	2.59~5.88	4.98	1.96~5.88	3.41	4.57~5.89	5.36	1.96~5.89	4.47
$H \cdot P(\times 10^{-2})$	1.26~8.91	2.92	8.99~25.35	13.91	1.26~25.35	5.30	10.65~22.51	16.59	1.26~25.35	11.42
$SiO_2(\times 10^{-2})$	1.30~9.63	3.03	8.99~23.31	13.20	1.30~23.31	5.23	10.63~19.09	15.26	1.30~23.31	10.67
$Al_2O_3(\times 10^{-2})$	0.16~1.42	0.49	0.63~3.22	1.72	0.16~3.22	0.76	2.17~4.66	3.57	0.16~4.66	2.28
$TFe_2O_3(\times 10^{-2})$	0.20~0.67	0.34	0.64~2.05	1.08	0.20~2.05	0.50	1.40~1.72	1.64	0.20~2.05	1.12
$RE_2O_3(\times 10^{-2})$	0.01~0.03	0.014	0.02~0.03	0.02	0.01~0.03	0.02	0.02~0.05	0.03	0.01~0.05	0.03
$CaO(\times 10^{-2})$	40.03~46.08	42.64	30.14~43.83	39.58	30.14~46.08	41.84	34.74~44.29	39.02	30.14~46.08	40.31
$MgO(\times 10^{-2})$	4.00~9.56	6.98	1.97~5.43	3.37	1.97~9.56	6.17	1.60~3.53	2.69	1.60~9.56	4.28
$K_2O(\times 10^{-2})$	0.07~0.36	0.16	0.37~1.03	0.52	0.07~1.03	0.24	0.58~2.13	1.20	0.07~2.13	0.76
$Na_2O(\times 10^{-2})$	0.17~0.40	0.28	0.23~0.30	0.25	0.17~0.40	0.27	0.30~0.44	0.35	0.17~0.44	0.31
$MnO(\times 10^{-2})$	0.02~0.05	0.03	0.04~0.05	0.05	0.02~0.05	0.03	0.08~03.20	0.12	0.02~0.20	0.08
$TiO_2(\times 10^{-2})$	0.01~0.07	0.04	0.08~0.17	0.10	0.01~0.17	0.05	0.10~1.62	0.41	0.01~1.62	0.25
$V_2O_5(\times 10^{-2})$	0.002~0.011	0.007	0.003~0.010	0.01	0.002~0.011	0.01	0.005~0.012	0.009	0.002~0.012	0.01
$SO_3(\times 10^{-2})$	0.22~1.67	0.48	0.13~5.17	1.07	0.13~5.17	0.61	0.28~3.30	1.63	0.13~5.17	1.17
$CO_2(\times 10^{-2})$	18.65~22.04	19.86	5.94~7.95	6.74	5.94~22.04	16.94	4.92~6.66	6.01	4.92~22.04	11.01
$S(\times 10^{-2})$	0.06~0.54	0.19	0.30~2.07	0.76	0.06~2.07	0.31	1.08~1.37	1.25	0.06~2.07	0.82
$LOSS(\times 10^{-2})$	10.09~25.07	19.95	9.90~18.32	12.12	9.90~25.07	18.19	6.10~10.02	8.03	6.10~25.07	12.68
$Cl(\times 10^{-2})$	0.01~0.020	0.01	0.001~0.030	0.02	0.001~0.030	0.01	0.010~0.020	0.013	0.001~0.030	0.01
$F(\times 10^{-2})$	1.83~2.73	2.15	1.76~2.66	1.96	1.76~2.73	2.10	1.81~2.97	2.29	1.76~2.97	2.21
$I(\times 10^{-2})$	20.000	20.00	10.00	10.00	10.00~20.00	17.76	21.83~29.36	26.13	10.00~29.36	22.30
$As(\times 10^{-2})$	20.00~66.00	33.34	60.00~195.30	90.37	20.00~195.30	45.65	40.00~89.30	60.94	20.00~195.30	53.94

注：表中 b2 为致密状白云质磷块岩，b1 为碳泥质磷块岩，a 为条带状砂屑磷块岩

附表 4 矿石化学全分析 P_2O_5 平均含量及变化系数统计表

工程	b 矿层					a 矿层				
	P_2O_5 ($\times 10^{-2}$)	均值 ($\times 10^{-2}$)	均差平方	均方差	变化系数 (%)	P_2O_5 ($\times 10^{-2}$)	均值 ($\times 10^{-2}$)	均差平方	均方差	变化系数 (%)
ZK1505	23.85		0.59			25.53		0.08		
ZK1106	23.18		0.01			23.76		4.24		
ZK905	20.26	23.08	7.95	2.35	10.18	22.22	25.82	12.96	2.63	10.19
ZK009	23.60		0.27			29.00		10.11		
ZK408	24.14		1.12			28.48		7.08		
ZK703	27.29		17.72			26.02		0.04		

附表 5 矿石单样品 P_2O_5 平均含量及变化系数统计表（单位：%）

勘查区	品位	b 矿层	a 矿层
整装勘查全区	极值	2.00～39.07	1.03～38.68
	均值	26.60	26.40
	变化系数	25.34	16.07
北倾伏端勘查分区	极值	2.00～39.07	1.03～38.68
	均值	26.83	26.61
	变化系数	25.65	15.42
西翼勘查分区	极值	7.26～36.28	1.12～36.11
	均值	25.66	26.67
	变化系数	24.25	23.10
东翼勘查分区	极值	12.24～37.23	9.51～33.20
	均值	25.70	25.07
	变化系数	22.71	16.77

注：表中品位极值小于边界品位 12% 的样本，属矿层内部小于剔除厚度的夹石。

主要参考文献

陈多福,陈光谦,陈先沛.贵州瓮福新元古代陡山沱期磷矿床铅同位素特征及来源探讨[J].地球化学,2002,31(1):49-54.

陈国勇,杜远生,张亚冠,等.黔中地区震旦纪含磷岩系时空变化及沉积模式[J].地质科技情报,2015(6):17-25.

陈其英.磷块岩的内碎屑[J].地质科学,1981(2):62-70.

陈其英,郭师曾.中国东部震旦纪和寒武纪磷块岩的结构成因类型及其沉积相和环境[J].地质科学.1985(03):224-235.

冯增昭.单因素分析多因素综合作图法——定量岩相古地理重建[J].古地理学报,2004,6(1):3-19.

冯增昭.中国沉积学[M].北京:石油工业出版社,2013.

郭庆军,杨卫东,刘丛强,等.贵州瓮安生物群和磷矿形成的沉积地球化学研究[J].矿物岩石地球化学通报,2003,22(3):202-208.

戈定夷,刘永先,曾允孚.滇东磷矿风化型矿石的判别指标讨论及次生风化富集作用[J].矿物岩石,1994(3):29-42.

胡瑞忠,毕献武,彭建堂,等.华南地区中生代以来岩石圈伸展及其与铀成矿关系研究的若干问题[J].矿床地质,2007,26(2):139-152.

黄毅,田升平.云南滇池地区风化磷块岩的风化指标研究[J].矿物学报,1995(1):15-20.

刘魁梧.沉积磷块岩结构类型、成因及成矿阶段[J].沉积学报,1985(1):29-41.

刘魁梧,陈其英,Liu Kuiwu,等.磷块岩的胶结作用[J].地质科学,1994(1):62-70.

刘静江,李伟,张宝民,等.上扬子地区震旦纪沉积古地理[J].古地理学报,2015,17(6):735-753.

马永生,陈洪德,王国力,等.中国南方层序地层与古地理[M].北京:科学出版社,2009.

毛铁,杨瑞东,高军波,等.贵州织金寒武系磷矿沉积特征及灯影组古喀斯特面控矿特征研究[J].地质学报.2015(12):2374-2388.

密文天,林丽,马叶情,等.贵州瓮安陡山沱组含磷岩系沉积序列及磷块岩的形成[J].沉积与特提斯地质,2010,30(3):46-52.

牟南,吴朝东.上扬子地区震旦纪—寒武纪磷块岩岩石学特征及成因分析[J].北京大学学报(自然科学版),2005,41(4):551-562.

单满生.震旦系陡山沱组磷块岩的成岩作用和成岩环境[J].长春地质学院学报.1987(02):169-

176.

王剑,刘宝珺,潘桂棠.华南新元古代裂谷盆地演化——Rodinia超大陆解体的前奏[J].矿物岩石,2001,21(3):135-145.

王剑,潘桂棠.中国南方古大陆研究进展与问题评述[J].沉积学报,2009,27(5):818-825.

王剑,段太忠,谢渊,等.扬子地块东南缘大地构造演化及其油气地质意义[J].地质通报,2012,31(11):1739-1749.

王新强.华南地区晚埃迪卡拉纪—早寒武世海水分层的有机碳同位素证据[D].北京:中国地质大学(北京),2010.

王砚耕,朱士兴.黔中陡山沱时期含磷地层及磷块岩研究的新进展[J].地质通报,1984(1):135.

汪正江,王剑,卓皆文,等.扬子陆块震旦纪-寒武纪之交的地壳伸展作用:来自沉积序列与沉积地球化学证据[J].地质论评,2011,57(5):731-742.

吴凯,马东升,潘家永,等.贵州瓮安磷矿陡山沱组地层元素地球化学特征[J].东华理工大学学报(自然科学版),2006,29(2):108-114.

吴祥和.贵州磷块岩[M].北京:地质出版社,1999.

杨爱华,朱茂炎,张俊明,等.扬子板块埃迪卡拉系(震旦系)陡山沱组层序地层划分与对比[J].古地理学报,2015,17(1):1-20.

叶连俊.中国磷块岩[M].北京:科学出版社,1989.

殷宗军,朱茂炎.贵州新元古代瓮安生物群中动物胚胎化石研究进展[J].科技导报,2010,28(6):103-111.

曾允孚,杨卫东.黔中陡山陀组磷块岩成因的系统研究[J].矿物岩石,1988(1):124.

赵东旭.震旦纪陡山沱组的碎屑磷块岩[J].岩石学报.1986(03):66-75.

朱士兴,王砚耕.关于开阳磷块岩矿床成因的探讨[J].科学通报,1983,28(19):1191-1191.

Arning E T,Birgel D,Schulz-Vogt H N,et al. Lipid biomarker patterns of phosphogenic sediments from upwelling regions[J]. Geomicrobiology Journal,2008,25(2):69-82.

Barfod G H,Albarède F,Knoll A H,et al. New Lu-Hf and Pb-Pb age constraints on the earliest animal fossils[J]. Earth and Planetary Science Letters,2002,201(1):203-212.

Baturin G N. Stages of phosphorite formation on the ocean floor[J]. Nature,1971,232(29):61-62.

Baturin G N. Phosphorites on the sea floor[M]. Elsevier,1982.

Baturin G N. Geochemistry and origin of ferromanganese nodules[J]. International Geology Review,1990,32(9):916-929.

Baioumy H,Tada R. Origin of late Cretaceous phosphorites in Egypt[J]. Cretaceous Research,2005,26(2):261-275.

Benitez-Nelson C R,O'Neill L,Kolowith L C,et al. Phosphonates and particulate organic phosphorus cycling in an anoxic marine basin[J]. Limnology and Oceanography,2004,49(5):1593-1604.

Canfield D E, Poulton S W, Narbonne G M. Late-Neoproterozoic deep-ocean oxygenation and the rise of animal life[J]. Science, 2007, 315(5808): 92 – 95.

Chen D F, Dong W Q, Qi L, et al. Possible REE constraints on the depositional and diagenetic environment of Doushantuo Formation phosphorites containing the earliest metazoan fauna[Z]. 2003: 201, 103 – 118.

Chen D F, Dong W Q, Zhu B Q, et al. Pb – Pb ages of Neoproterozoic Doushantuo phosphorites in South China: constraints on early metazoan evolution and glaciation events[J]. Precambrian Research, 2004, 132(1): 123 – 132.

Chen J, Chi H. Precambrian phosphatized embryos and larvae from the Doushantuo Formation and their affinities, Guizhou (SW China)[J]. Chinese Science Bulletin, 2005, 50(19): 2193 – 2200.

Compton J. Variations in the global phosphorus cycle[J]. Society for Sedimentary Geology, 2000: 21 – 33.

Condon D, Zhu M, Bowring S, et al. U-Pb ages from the neoproterozoic Doushantuo Formation, China [J]. Science, 2005, 308(5718): 95 – 98.

Cook P J, McElhinny M W. A reevaluation of the spatial and temporal distribution of sedimentary phosphate deposits in the light of plate tectonics[J]. Economic Geology, 1979, 74(2): 315 – 330.

Cook P J. Phosphogenesis around the Proterozoic-Phanerozoic transition[J]. Journal of the Geological Society. 1992, 149(4): 615 – 620.

Cook P J, Shergold J H. Phosphorus, phosphorites and skeletal evolution at the Precambrian-Cambrian boundary[J]. Nature. 1984(308): 231 – 236.

Delaney M L. Phosphorus accumulation in marine sediments and the oceanic phosphorus cycle[J]. Global Biogeochemical Cycles. 1998, 12(4): 563 – 572.

Drummond J B R, Pufahl P K, Porto C G, et al. Neoproterozoic peritidal phosphorite from the Sete Lagoas Formation (Brazil) and the Precambrian phosphorus cycle[J]. Sedimentology. 2015, 62 (7): 1978 – 2008.

Elderfield H, Greaves M J. The rare earth elements in seawater[J]. Nature, 1982, 296: 214 – 219.

Filippelli G M. The Global Phosphorus Cycle: Past, Present, and Future[J]. Elements. 2008, 4(2): 89 – 95.

Filippelli G M. Phosphate rock formation and marine phosphorus geochemistry: The deep time perspective[J]. 2011: 84, 759 – 766.

Föllmi K B. 160 my record of marine sedimentary phosphorus burial: Coupling of climate and continental weathering under greenhouse and icehouse conditions[J]. Geology, 1995, 23(6): 503 – 506.

Föllmi K B. The phosphorus cycle, phosphogenesis and marine phosphate-rich deposits[J]. Earth-Science Reviews,1996,40(1):55-124.

Gnandi K,Tobschall H J. Distribution patterns of rare-earth elements and uranium in tertiary sedimentary phosphorites of Hahotoé-Kpogamé,Togo[J]. Journal of African Earth Sciences,2003,37(1):1-10.

Gómez-Peral L E,Kaufman A J,Poiré D G. Paleoenvironmental implications of two phosphogenic events in Neoproterozoic sedimentary successions of the Tandilia System,Argentina[J]. Precambrian Research,2014,252:88-106.

Hoffman P F,Schrag D P. A Neoproterozoic Snowball Earth[J]. Science,1998,281(5381):1342-1346.

Jiang G,Shi X,Zhang S,et al. Stratigraphy and paleogeography of the Ediacaran Doushantuo Formation (ca. 635~551Ma) in South China[J]. Gondwana Research,2011,19(4):831-849.

Kaufman A J,Knoll A H. Neoproterozoic variations in the C-isotopic composition of seawater:stratigraphic and biogeochemical implications[J]. Precambrian Research,1995,73(1):27-49.

Kaufman A J,Jacobsen S B,Knoll A H. The Vendian record of Sr and C isotopic variations in seawater:implications for tectonics and paleoclimate[J]. Earth and Planetary Science Letters,1993,120(3):409-430.

Kennedy M J,Christie-Blick N,Sohl L E. Are Proterozoic cap carbonates and isotopic excursions a record of gas hydrate destabilization following Earth's coldest intervals? [J]. Geology,2001,29(5):443-446.

Ilyin A V. Rare-earth geochemistry of old phosphorites and probability of syngenetic precipitation and accumulation of phosphate[J]. Chemical Geology,1998,144(3):243-256.

McArthur J M. Recent trends in strontium isotope stratigraphy[J]. Terra nova,1994,6(4):331-358.

Mort H P,Adatte T,Föllmi K B,et al. Phosphorus and the roles of productivity and nutrient recycling during oceanic anoxic event 2[J]. Geology,2007,35(6):483-486.

Nelson G J,Pufahl P K,Hiatt E E. Paleoceanographic constraints on Precambrian phosphorite accumulation,Baraga Group,Michigan,USA[J]. Sedimentary Geology,2010,226(1-4):9-21.

Palmer M R,Edmond J M. The strontium isotope budget of the modern ocean[J]. Earth and Planetary Science Letters,1989,92(1):11-26.

Planavsky N J,Rouxel O J,Bekker A,et al. The evolution of the marine phosphate reservoir[J]. Nature,2010,467(7319):1088-1090.

Pufahl P K,Grimm K A. Coated phosphate grains:Proxy for physical,chemical,and ecological changes in seawater[J]. Geology,2003,31(9):801-804.

Pufahl P K,Grimm K A,Abed A M,et al. Upper Cretaceous (Campanian) phosphorites in Jordan:

implications for the formation of a south Tethyan phosphorite giant[J]. Sedimentary Geology, 2003,161(3):175-205.

Ruttenberg K C, Berner R A. Authigenic apatite formation and burial in sediments from non-upwelling, continental margin environments[J]. Geochimica Et Cosmochimica Acta, 1993,57(5): 991-1007.

Sawaki Y, Ohno T, Tahata M, et al. The Ediacaran radiogenic Sr isotope excursion in the Doushantuo Formation in the three Gorges area, South China[J]. Precambrian Research, 2009,176(1):46-64.

She Z, Strother P, Mcmahon G, et al. Terminal Proterozoic cyanobacterial blooms and phosphogenesis documented by the Doushantuo granular phosphorites I: In situ micro-analysis of textures and composition[J]. Precambrian Research. 2013,235:20-35.

She Z, Strother P, Papineau D. Terminal Proterozoic cyanobacterial blooms and phosphogenesis documented by the Doushantuo granular phosphorites II: Microbial diversity and C isotopes[Z]. 2014:251,62-79.

Shen Y, Schidlowski M, Chu X. Biogeochemical approach to understanding phosphogenic events of the terminal Proterozoic to Cambrian[J]. Palaeogeography, Palaeoclimatology, Palaeoecology. 2000,158(1):99-108.

Veizer J, Ala D, Azmy K, et al. $^{87}Sr/^{86}Sr, \delta^{13}C$ and $\delta^{18}O$ evolution of Phanerozoic seawater[J]. Chemical geology, 1999,161(1):59-88.

Wheat C G, Feely R A, Mottl M J. Phosphate removal by oceanic hydrothermal processes: An update of the phosphorus budget in the oceans[J]. Geochimica Et Cosmochimica Acta, 1996,60(60): 3593-3608.

Xiao S, Zhang Y, Knoll A H. Three-dimensional preservation of algae and animal embryos in a Neoproterozoic phosphorite[J]. Nature, 1998,391(6667):553-558.

Zhao J H, Zhou M F, Yan D P, et al. Reappraisal of the ages of Neoproterozoic strata in South China: No connection with the Grenvillian orogeny[J]. Geology, 2011,39(4):299-302.

Zhu M, Zhang J, Yang A. Integrated Ediacaran (Sinian) chronostratigraphy of South China[J]. Palaeogeography, Palaeoclimatology, Palaeoecology. 2007,254(1-2):7-61.